DR. TINA MARIA RITTER

Stoffwechselerkrankungen bei Pferden

KRANK OHNE
ERKENNBARE URSACHE?

UMWELTGIFTE ERKENNEN
UND EINDÄMMEN

KOSMOS

☞ *Inhalt*

VORWORT

Beim Schreiben dieses Buches bin ich 47 Jahre alt. Ich reite seit meinem 6. Lebensjahr. Das sind gute 40 Jahre Liebe und Interesse fürs Pferd. Ich habe in dieser Zeit mit meinen Pferden viel erlebt. Ganz viel Wunderschönes und auch ganz viel Schreckliches.

Ich war 23 Jahre alt, als ich mich in Willum, einen damals 4-jährigen Friesen-Wallach, verliebte. Er strahlte eine unfassbare Präsenz und Kraft aus, die mich sofort in seinen Bann zog. Ich wurde seine Reitbeteiligung und später seine Halterin, da ich mich auch in seinen Besitzer verliebt hatte und Klaus und ich bald darauf ein Paar wurden. Jahre später kauften wir einen zweiten Friesen, Andries, und heirateten.

LEIDENSZEIT

Ich war Studentin der Biologie und wollte alles richtig machen. Als mir auffiel, dass der Impfpass nicht vollständig alle Impfungen aufwies, baten wir den Tierarzt dies bei Willum nachzuholen. Damit ging seine Krankheitsgeschichte los und mein Lernen. Es fing am gleichen Tag der Impfung mit Fieber und Husten an. Einen Zusammenhang sah der Tierarzt nicht. Also folgte die Wiederholungsimpfung und die Reaktionen waren diesmal noch schlimmer. Wieder wurden meine Fragen abgetan. Also ging es weiter mit dem Impfen. Ich mache mir heute noch Vorwürfe. Aber es war ja zum Lernen gut. Willum hat alles getragen. Die letzte Impfung, die er bekam, machte ihn zum Headshaker. Er schüttelte und nickte nur noch mit dem Kopf. Am Anfang dachte ich mir nichts dabei. Als er damit aber nicht mehr aufhörte, wurde mir mulmig. Ich beobachtete ihn und sah, dass er irgendwie gar nicht mehr da war. Seine wunderschöne Präsenz war einfach weg. Da stand immer noch dieser bezaubernde Friese, aber eben in sich gekehrt, stereotype Bewegungen ausführend, um dann zum Teil völlig unvermittelt wegen einem kleinen Geräusch fast zusammenzubrechen.
Es war nicht schön und mein Herz tat über viele Jahre weh.

DER WEG ZUR HEILUNG

Ich recherchierte und las und suchte. Ich war verzweifelt. Und ich gab nicht auf. Ich fand Wege zu ihm und zur Heilung. Der Schlüssel war eine Veröffentlichung von dem Umweltmediziner Dr. Joachim Mutter über Autisten und die fehlenden Mikronährstoffe. Das erschien mir jede Menge

Die Autorin mit ihrer Friesenstute Meinou im Alter von 18 Jahren. Sie hat Meinou 8 jährig in Holland gekauft.

Andries mit 25 Jahren

Sinn zu machen. Ich probierte es aus und gab Willum die dort beschriebenen Nahrungsergänzungsmittel aus dem Humanbereich. Ich werde es nie vergessen. Es dauerte keine 48 Stunden, da war dieses wunderschöne Pferd wieder bei mir, präsent und wach. Einfach da.
Faszinierend. Es war mein Einstieg in die orthomolekulare Medizin. In den Jahren darauf gründete ich eine Tierheilpraxis und half einigen Headshakern zu einem gesunden und normalen Leben zurück. Wofür ich Willum sehr dankbar bin.
Mit Andries lernte ich das Thema Husten kennen. Diagnose: COPD. Chronisch, allergisch. Täglich inhalieren, Heu nass machen. Die Haltung stimmte angeblich nicht. Ich mache es kurz. Zu Beginn einer Diagnose mache ich das, was die Tierärzte mir raten. Dann habe ich zum Teil irgendwie wenig Erfolg damit und suche nach Alternativen. So also auch bei Andries. Auch hier fand ich in der Naturheilkunde besseren Rat und auch wieder Heilung für mein Pferd. Andries hatte keine COPD, er war sein ganzes Leben leistungsfähig und fit und ging auch mit 25 Jahren noch vor der Kutsche. Den Husten haben wir mit ACC-Kuren und Meerrettich nach wenigen Monaten ausgeheilt.

ORTHOMOLEKULARE MEDIZIN

Die Biochemie des Körpers und die orthomolekulare Medizin, also die Therapie mit Vitalstoffen, faszinieren mich seither. Über viele Jahre stellte ich fest, dass Krankheit in der Regel dann verschwindet, wenn man belastende Quellen saniert bzw. abstellt und dem Körper Hilfe zur Selbsthilfe gibt: durch den Ausgleich fehlender Nährstoffe, die er für die Gesundwerdung braucht. In der Regel fehlt uns das Verständnis für oder das Erkennen der Zusammenhänge. Wenn man vorgeht wie ein Detektiv, wissen und verstehen will und sich die richtigen Fragen stellt, kann man allerdings Vieles entdecken.

Das treibt mich immer wieder an. Bitte verstehen Sie mich richtig: Ich denke, die Medizin hat ihre absoluten Stärken im Bereich der Notfallmedizin oder Unfallchirurgie. Einfach in der Akutversorgung von Mensch und Tier. Bei chronischen Krankheiten hat sie allerdings versagt und die Lösungen, die sie anbietet, führen oft in eine Spirale aus Krankheit und Abhängigkeit.
Abwesenheit von Krankheit ist nicht gleichzusetzen mit Gesundheit. Aus der Krankheit zurück zu Gesundheit und Leistungsfähigkeit ist es oft ein langer Weg. Hier sehe ich die Stärke der Naturheilkunde und der Mikronährstoffmedizin.

ÜBERTRAGUNG IN DIE WELT DER PFERDE

Was kann das für unsere Pferde bedeuten? Dass man auch hier noch mehr nach alternativen Wegen sucht. Aktuell scheint die Pferdewelt unterteilt zu werden in Freizeitreiter und Profis. Oder solche, die sich dafür halten bzw. den Pferdesport eben mit einer gewissen Ernsthaftigkeit betreiben. Egal zu welcher Gruppe Sie gehören, sicherlich wissen Sie genau, dass die meisten Probleme mit unseren Pferden von falscher Haltung oder Fütterung, schlecht passendem Sattel oder unverhältnismäßigem Training herrühren. Die Gründe sind so gut bekannt, dass sie meines Erachtens irgendwie niemand mehr zu hinterfragen scheint. Was unsere Pferde krank macht, bekommt jeder Pferdehalter und Reiter eigentlich über alle Kanäle, wie Bücher, Videos, Blogbeiträge etc. dauerhaft erzählt. Selbst die Werbung für diverse Futtermittel dient, so möchte man meinen, mittlerweile der Aufklärung.

UMWELTGIFTE MACHEN KRANK

Dabei gibt es aus meiner Sicht eine dramatische Schieflage auf diesem Planeten und damit meine ich nicht nur den Klimawandel oder neuerdings grassierende Infektionskrankheiten.
Ich meine die Chemie, die uns überall umgibt, und die Fluch und Segen sein kann. Darüber geht es in diesem Buch. Über Alltagsgifte oder was unsere Pferde eben auch noch neben den bereits erwähnten Ursachen krank machen kann. Dabei erhebe ich keinerlei Anspruch auf Vollständigkeit. Es soll eine Einführung in das Thema der Umweltmedizin sein und zum Nachdenken anregen. Denn warum wird der eine krank und der andere bei gleicher Haltung, Fütterung, Training nicht? Wir können uns nicht alle möglichen individuellen Unterschiede anschauen, aber ein sehr weit verbreitetes Stoffwechselproblem, das dazu führt, dass der eine eben weniger Gift verträgt und früher Symptome ausbildet oder krank wird als der andere unter gleichen Bedingungen. Auch unsere Pferde sind von der sehr weit verbreiteten Stoffwechsel- und Entgiftungsstörung Hämopyrrollaktamurie (HPU) betroffen.
Mein Wunsch oder meine Vision dabei ist, dass wir als Pferdehalter achtsam schauen und diese Themen aufgreifen und die Behandler unserer Pferde damit „challengen"/ konfrontieren. Denn dann wird sich etwas tun. Auch wenn es unangenehm ist oder man erst mal auf taube Ohren stößt. Die Geschichte zeigt: es ändert sich gar nichts bis eine kritische Masse erreicht ist und dann geht es rasant oder nachhaltig. Wir sehen das zum Thema Stoffwechselstörung HPU im humanen Bereich. Immer noch ist die HPU nicht medizinisch anerkannt und doch arbeiten immer mehr Ärzte und sogar schon Kliniken damit und haben Kenntnis von der HPU, unterstützen ihre Patienten dabei. Das wünsche ich mir für unsere Pferde auch.

Herzlichst,

Dr. Tina Ritter

UMWELTMEDIZIN FÜRS PFERD? —*Probleme als Wegweiser*

ZIVILISATIONS-ERKRANKUNGEN BEIM PFERD

Zivilisationskrankheiten sind Wohlstandskrankheiten, die mit dem modernen Lebensstil zusammenhängen. Diese Krankheiten hat es sowohl beim Menschen als auch beim Pferd früher nicht gegeben. Ursachen werden in Bewegungsarmut, Umweltgiften, Reizüberflutung (z. B. Lärm), Über- oder Fehlernährung gesehen.

Beim Pferd zählen zu den Zivilisationserkrankungen Allergien der Haut und Schleimhäute, neurologische Syndrome wie Headshaking, Ataxien oder Shivering, und auch augenscheinliche Stoffwechselstörungen wie das Equine Metabolische Syndrom (EMS) oder Cushing der älteren Pferde und natürlich deren schwere mögliche Folgen wie die Hufrehe. Auch wenn „moderne" Auslöser diskutiert werden, so ist doch die eigentliche Ursache, das was da fehlreguliert wird im Körper, oft unbekannt.

Zu jeder Krankheit gibt es Theorien und Annäherungen. Vollständig klar sind die Zusammenhänge, warum es zur Ausbildung der Krankheit kommt, allerdings nicht.

UMWELTMEDIZIN

In der humanen Medizin gibt es die Fachrichtung der Umweltmedizin. In der Tierheilkunde ist dieses Gebiet noch völlig unbekannt und unbenannt. Ich frage mich warum. Sind unsere Tiere nicht den gleichen Umweltfaktoren ausgesetzt wie wir? Sie kommen doch mit Giften in Kontakt, warum soll das bei Tieren keine Rolle spielen? Und das gilt meines Erachtens eben wirklich nicht nur für uns Menschen. Auch Tiere sind Umweltgiften ausgesetzt. Man kann vielleicht die Risikogruppen auch in unterschiedliche Tierarten aufteilen. Sicherlich sind Pferde z. B. anderen Risikofaktoren ausgesetzt im Vergleich zu Hunden und Katzen.

Was hat die Umweltmedizin mit Zivilisationserkrankungen zu tun?

Eine ganze Menge. Nehmen wir das Beispiel Schwermetallbelastung.

Aus der humanen Umweltmedizin wissen wir: Eine Schwermetallbelastung geht mit diffusen Symptomen einher. Kopfschmerzen, Übelkeit, Schlafstörung, Müdigkeit, Schwäche oder auch neurologische Auffälligkeiten gehören zu dem Symptomenkomplex, der sich oft therapieresistent darstellt.

Als Schwermetallquellen für den Menschen sind bekannt (ohne Anspruch auf Vollständigkeit):

1. Industrielle Emissionen z. B. durch Stahl- und Kohlekraftwerke, die Papierindustrie und Petrochemie, hierüber gelangen die Metalle in die Atmosphäre.
2. Die Belastung der Meere. Durch den Verzehr von Algen, Korallen oder Fischen können Schwermetalle aus der Industrie in den Körper gelangen.
3. Blei in den Wasserleitungen, z. T. immer noch in veralteten Stadtnetzen, auch Kupferleitungen sind problematisch.
4. Früher: verbleites Benzin, heute stoßen die Katalysatoren Palladium aus.
5. Quecksilber war früher und ist z. T. heute noch in Form von Thiomersal in Impfstoffen enthalten. Da die Halbwertszeit von Quecksilber extrem lang ist, ist es in den meisten Geimpften noch vorhanden.
6. Amalgamfüllungen in den Zähnen.

Ich hoffe, Sie stimmen mir zu: Punkt 1 – 5 trifft auch für unsere Pferde oder alle Tiere zu. Ein Umdenken tut Not. Wir brauchen gute Labore, die Schadstoffbelastungen auch bei unseren Tieren detektieren können. Wir brauchen Menschen, die ihren Tieren ursächlich helfen wollen. Und auch Tierärzte und Therapeuten, die das Pferd in seinem Kontext sehen und ganzheitlich behandeln wollen.

DIE UMWELTMEDIZIN

Das Robert Koch-Institut definiert die Umweltmedizin wie folgt:

„Als interdisziplinäres Fachgebiet befasst sich die Umweltmedizin in Theorie und Praxis mit den gesundheits- und krankheitsbestimmenden Aspekten der Mensch-Umwelt-Beziehung. Als zentraler Fachgegenstand gelten Umweltfaktoren / Umweltexpositionen und deren Auswirkungen auf die menschliche Gesundheit.

Umweltmedizin nutzt die Methoden verschiedener Arbeitsrichtungen (wie Epidemiologie, Monitoring und Toxikologie) und sie verfügt über Anteile im Bereich der allgemeinen und psychosozialen klinischen Medizin. Sie steht darüber hinaus in enger Beziehung zu natur-, sozial- und umweltwissenschaftlichen Arbeitsrichtungen.

Arbeitsschwerpunkte der Umweltmedizin betreffen:

- die Expositionsermittlung
- die umweltbezogene Wirkungsermittlung und Diagnostik
- die Abschätzung umweltbedingter Gesundheitsrisiken
- die vergleichende Risikoanalyse und -bewertung sowie die Risikokommunikation
- die Betreuung, Beratung und Begutachtung für definierte Zielgruppen
- regulatorische und administrative Aufgaben
- die Erarbeitung wissenschaftlicher Grundlagen für eine gesundheitsförderliche Gestaltung unserer Umwelt
- die umweltmedizinische Prävention."

[Abgeänderte Version der Definition: D. Eis, Definition „Umweltmedizin"; Umweltmedizin in Forschung und Praxis 1 (2) 65-70; 1996]

LASSEN SICH ZIVILISATIONSERKRANKUNGEN VORBEUGEN?

Die Antwort lautet: Ja, selbst wenn sie genetische Ursachen haben. Denn sie sind theoretisch vermeidbar. Man kann mit Bewegung, Fütterung und Haltung gezielt einwirken und die Risikofaktoren minimieren. Und so wird es uns auch permanent als Halter vermittelt: wenn unsere Pferde krank oder chronisch krank sind, sind wir als Freizeitreiter „schuld". Denn wir bewegen die Pferde zu wenig oder falsch, haben eine schlechte Haltungsform ausgesucht oder machen eklatante Fehler in der Fütterung. Vielleicht stimmt das aber gar nicht oder eben nur zum Teil. Auch ist es müßig, wie ich finde, permanent den oder die Schuldige zu suchen. Wir sollten uns endlich gezielt gute Fragen stellen, die einfach bessere Antworten generieren. Denn so kommen wir nicht weiter und sehen wesentliche Teile des Problems nicht.

WAS IST DAS PROBLEM?

Zum einen die Schadstoffbelastung aus der Umwelt und zum anderen u.U. eine mögliche genetische Komponente. Wenn wir der Frage nachgehen wollen, warum der eine bei gleicher Fütterung, Haltung und Training krank wird und der andere nicht, dann landen wir bei eben diesen beiden Komponenten: Schadstoffbelastung und Entgiftungsfähigkeit. Wenn wir herausfinden können, womit die Pferde belastet sind und ob sie gute oder schlechte Entgifter sind, dann hätten wir also eine Möglichkeit, sie zu unterstützen, gefunden.

Aus meiner Sicht als Therapeutin haben Zivilisationskrankheiten oft einen gemeinsamen Nenner: Ein genetisches Problem im Stoffwechsel an einer ziemlich zentralen Stelle.

Herbizide auf unseren Äckern

DIE GENETISCHE VERANLAGUNG

Stellen wir uns erneut die Frage: Warum wird der eine von einem Giftstoff krank und der andere nicht? Oder warum kann der eine Mengen an Futter verschlingen und ist dabei rank und schlank auch ohne Sport oder Bewegung und beim anderen setzt jedes Gramm Futter gleich an?
Diese Veranlagung, wie es so schön heißt, ist unser genetisches Erbe. Das, womit nicht nur wir, sondern auch unsere Pferde auf die Welt kommen. Nun haben wir Millionen von Genen als Säugetiere. Und es gibt zusätzlich noch sog. epigenetische Faktoren, die entscheiden, welches Gen abgelesen wird und welches nicht. Sport und Ernährung sind z. B. solche wichtigen epigenetischen Faktoren. Das ist bedeutsam, denn auch wenn unser genetisches Erbe quasi wie in Stein gemeißelt erscheint, so haben wir doch Einflussmöglichkeiten darauf. Und das sind doch gute Nachrichten.

DAS PROBLEM VERSTEHEN

Insgesamt ist das Ganze mega komplex.
Ich bin immer dafür, die Dinge möglichst einfach zu gestalten und zu erklären und auch an komplexe Zusammenhänge mit dem gesunden Menschenverstand heranzugehen.
Denn wenn wir es runterbrechen, ist es plötzlich wieder ganz einfach.
Wieder zurück zur Frage, warum wird der eine krank und der andere nicht? Gibt es vielleicht bestimmte Parameter im Stoffwechsel, die grundsätzlich darüber entscheiden, ob ich ein guter oder ein schlechter Entgifter bin?
Die Antwort lautet ja, die gibt es. Und gilt das auch fürs Pferd? Auch das ist richtig, denn wir sind alle Säugetiere und haben einen ähnlichen Stoffwechsel.
Uns allen ist auch gemeinsam, dass wir in einer zunehmend giftigen Welt leben. Pflanzenschutzmittel, Insektizide, Medikamente (Impfungen, Wurmkuren) bekommen auch unsere Pferde in zunehmendem Maße ab. Ebenso wie Abgase oder Substanzen, die mit dem Regen auf die Erde wieder zurückkommen.
Sogar das Fliegenspray ist nicht so harmlos wie Sie als Pferdehalter vielleicht denken mögen. Die meisten auch natürlichen Insektizide sind giftig für Nervenzellen.
Wir haben also ein Problem. Oder die Pferde, die solche Missverhältnisse anzeigen.

DIE LÖSUNG

Haben wir auch eine Lösung? Ich denke schon. Es ist noch einiges an Forschung notwendig, aber die Resultate, die wir in der Praxis sehen, wenn wir Pferde, die an Zivilisationskrankheiten leiden, auf eine weit verbreitete Stoffwechselstörung hin untersuchen und behandeln, sind vielversprechend. Dabei geht es um die Stoffwechselstörung HPU. Dazu später mehr. Zunächst wollen wir uns mit möglichen Schadstoffbelastungen beim Pferd auseinandersetzen.

WAS UNSERE PFERDE KRANK MACHT 2.0

Das Kapitel trägt die Nummerierung 2.0, weil es anregen will, Parameter aus der Umwelt neu zu denken. Haltung, Fütterung und Training sind wesentliche Faktoren, verstehen Sie mich bitte nicht falsch, aber es gibt da aus meiner Sicht eben auch noch mehr, was wir beachten sollten, wenn es um die Gesundheit unserer Pferde geht.

ENDOPHYTEN-TOXINE

Fangen wir mit „natürlichen" Giften an:

Als Endophyten werden pflanzliche Symbionten innerhalb der Pflanze bezeichnet. Es sind Pilze, die mit dem Gras in Symbiose/Harmonie leben. Beide profitieren von der Verbindung. Der Pilz im Inneren macht die Pflanze widerstandsfähiger. Von außen ist er unsichtbar. Widerstandsfähiger bedeutet Schutz gegen Stressfaktoren wie Trockenheit. Z. B. diese Eigenschaft macht man sich gerne in der Züchtung der Gräser absichtlich zunutze. So ist es auch kein Wunder, dass vor allem deutsches Weidelgras oder Wiesenschwingel betroffen sind, die in jeder Saatgutmischung mengenmäßig in den größten Anteilen auftauchen. Diese im Inneren des Grases lebenden Pilze stellen Toxine her. Sie nennen sich Lolitrem B oder auch Ergovalin und gehören zu den Mutterkornalkaloiden. Eine neue Studie konnte zeigen, dass Ergovalin wohl weniger produziert wird und deshalb eine geringere Rolle spielt, dass Lolitrem B aber sehr wohl giftige Konzentrationen im Gras erreichen kann, die auch für unsere Pferde problematisch sein können.
Akute Vergiftungen werden Weidelgras-Taumelkrankheit oder Schwingel-Ödem genannt. Chronische Vergiftungen können Hufreheschübe und Leistungsabfall auslösen.

Man kann sein Gras oder Heu untersuchen lassen. Allerdings steht dafür noch kein deutsches Labor zur Verfügung. Die Oregon State University in den USA führt diese Spezial-Analysen durch.
Wer mehr über dieses wichtige Thema erfahren will, findet in Artikeln von Dr. Renate Vanselow alles Wissenswerte. Auch wie belastet unser Saatgut für die Pferdeweide ist und wo wir unbelastetes Saatgut finden.

01

SCHIMMELPILZE

Heu und Stroh kann bei schlechter Lagerung oder schlechten Witterungsbedingungen bei der Ernte zu feucht und damit anfällig für Pilzbefall von außen sein. Auch Getreide, das feucht wird, kann schimmeln. Pferde, die solches Futter fressen, sind stark gefährdet zu erkranken. Denn Schimmelpilz-Toxine gehören zu den giftigsten Giften auf diesem Planeten. Sie schädigen Leber und Niere, das Symptomenspektrum ist weit.

WIE KANN ICH SCHIMMELIGES FUTTER ERKENNEN?

Nicht immer ist Schimmel im Futter mit dem bloßen Auge sichtbar. Am muffeligen Geruch lässt er sich erkennen oder auch an der grauen oder rot-braunen Farbe. Auch kleine schwarze Pünktchen oder ganze weiße Flächen sind möglich und weisen auf Schimmelbefall hin. Solches Futter ist besser zu entsorgen. Die Tierarztkosten liegen deutlich höher als das Öffnen eines neuen Ballens oder Sacks.

Nun hat es natürlich schon immer Schimmel im Futter gegeben. Daran ist also nichts Neues. Was aber neu ist, ist die Summe oder die Kombination verschiedener Ereignisse. Wie wir später sehen werden, haben Herbizide einen schädigenden Einfluss auf unseren Darm und die darin lebenden Mikroorganismen. Ein Gift hat einen negativen Einfluss, ein Gift plus noch ein Gift ist in der Regel nicht 1 + 1 = 2 sondern eher 1 + 1 = 100. Die Giftwirkung addiert sich nicht. Sie potenziert sich.

Wer wissen will, ob Getreide, Heu oder Stroh belastet sind, schickt Proben an die LUFA (Landesuntersuchungsanstalt, Adressen siehe S. 102).

02

01 – 02 Endophyten-Toxine können sich im Gras verstecken.

ZUCKER/MELASSE

Wieso ist Zucker ein Thema? Das ist doch nun wirklich kein Giftstoff möchte man meinen. Natürlich ist das richtig und doch auch irgendwie nicht. Denn es gehört einfach nicht dauernd auf den Speiseplan. Schauen wir in die Natur, finden wir Obst/Früchte nur im Herbst. Also einmal im Jahr. Die Tiere können sich mithilfe von Früchten Fett anfressen, um gegen die kalte Jahreszeit gewappnet zu sein. Dauerhafte Zuckerzufuhr verändert unseren Stoffwechsel und auch wieder unsere Darmflora. Gerade in Kombination mit dem Totalherbizid Glyphosat kann es z. B. die Darmflora in Richtung Überwucherung von Pilzen lenken. Zucker verbraucht Unmengen an B-Vitaminen, Chrom und Magnesium in der Verstoffwechselung. Zucker schädigt nachweislich die Leber und kann zum metabolischen Syndrom und Insulinresistenz führen. Insulinresistenz bedeutet, dass die Zellen gegenüber Insulin, dem Hormon, das den Blutzuckerspiegel senken soll, abstumpfen. Zu viel Zucker im Blut ist gerade für die kleinen Gefäße schlecht. Beim Pferd sind das die Gefäße im Huf. Ist hier die Durchblutung gestört, kann es sogar zur Hufrehe kommen. Extrem schmerzhaft und gar nicht schön.

Zucker finden wir in vielen Zusatzfuttermitteln, damit die Pferde es besser fressen, in Form von Traubenzucker oder Dextrin. Aber auch in vielen Müslis ist Melasse oder anteilig Zuckerrüben oder rote Beete enthalten. Die Etiketten zu lesen kann sinnvoll sein und auch darüber nachzudenken, wieviel Äpfel, Karotten, Rote Beete-Chips oder Rübenschnitzel mein Pferd bekommt. Zucker kommt in Form von langkettigen Fruktosemolekülen auch als Fruktan im Gras vor. Es ist eine Speicherform von Zucker und wird bei tieferen Temperaturen gebildet (ab ca. 8 Grad Celsius), um die Pflanze vor Kälte zu schützen, wenn sie

Zucker ist Gift

nicht wachsen kann. Gerade im Frühjahr und im Herbst sollte man also Pferde mit EMS oder Cushing und Hufrehe-Kandidaten lieber weniger bis gar nicht auf die Weide lassen. Allerdings kann es auch in trockenen Sommern zu erhöhten Fruktangehalten kommen. Fruktane sind immer dann ein Thema, wenn die Pflanze nicht wachsen kann und das kann natürlich auch bei höheren Temperaturen und Dürre der Fall sein.

In dem Buch „Nutrition and Physical Degeneration“ (deutsche Übersetzung: Ernährung und körperliche Verschlechterung) von Weston Price schildert und dokumentiert der Autor und Zahnarzt bei verschiedenen Urvölkern den Verfall der Zahnstruktur und das Kleinerwerden der Kieferknochen mit Einführung einer industrialisierten

Ernährung. Dabei ist weniger wichtig, wo oder was die ursprüngliche Ernährung der Menschen war (beispielsweise ernährten sich die Inuit anders als die Einwohner eines Schweizer Bergdorfes), sondern eher die Einführung des Verzehrs von Zucker und Weißmehlprodukten.

Mit Beginn einer industrialisierten Ernährung nahmen auch Missgeburten und Fehlbildungen zu. Ich finde das durchaus bemerkenswert. Zum einen den Einfluss von Mikronährstoffen auf die Knochenstruktur und allgemeine Gesundheit so messbar zu sehen und zum anderen, dass diese Entwicklung, die beim Menschen vor 100 Jahren ca. stattgefunden hat, wir nun auch bei unseren Tieren sehen können. Immer mehr Pferde haben Probleme mit den Zähnen. Nicht nur mit Karies, sondern eben auch mit dem Verfall der Zahnstruktur wie beim EOTRH. Auch bei Hunden oder Katzen zeigen sich Gebissfehler. Überbiss, fehlende Zähne in der Anlage oder zu enge Kiefer und damit Zahnfehlstellungen. Gibt es also bald den Kieferorthopäden für unsere Hunde und Katzen? Das wäre wohl ein Zivilisations- und Wohlstandsproblem. Aber der Mensch tendiert dazu, aufkommende Probleme genauso zu lösen: indem er das Symptom behandelt und die Ursache im Verborgenen bleibt. Weniger Herbizide auf unseren Äckern, weniger Zucker und Kohlenhydrate im Futter könnten die nachhaltigere und bessere Lösung sein.

VERARMTE BÖDEN

Die Schere zwischen dem, was wir und auch unsere Tiere an Vitalstoffen brauchen und dem, was wir entgiften müssen, wird immer größer. Bedeutet: Im Futter ist immer weniger an bestimmten Mikronährstoffen enthalten, gleichzeitig werden die Tiere aber mit immer mehr Giftstoffen konfrontiert und müssen diese auch ausleiten. Das ist eine Milchmädchenrechnung, die nicht funktionieren kann. Das Resultat sind Krankheiten, weil der Körper in eine Schieflage kommt und sich immer weniger gut selber regenerieren kann.

Ausgerechnet Zink gehört zu den Spurenelementen, die bis zu fünfmal weniger in Gras und Pflanzen enthalten sind als noch vor ca. 50 – 100 Jahren. Natürlich weisen die Analysen auch auf eine Abnahme von anderen Stoffen wie z. B. Selen und Mangan hin. Eisen hingegen hat wohl mengenmäßig im Futter nicht abgenommen. Kleine Unterschiede gibt es also durchaus. Über Kupfer lässt sich streiten, da Zink und Kupfer Gegenspieler in der Aufnahme sind. Und Kupfer, auch wenn es mittlerweile mengenmäßig weniger im Raufutter enthalten ist, doch besser vom Körper aufgenommen und gespeichert werden kann. Die Bedeutung eines ungünstigen Zink-Kupfer-Verhältnisses werden wir noch am Beispiel der Stoffwechselstörung Hämopyrrollaktamurie (kurz: HPU) sehen. Und was das für genau diese Patientengruppe bedeuten kann.

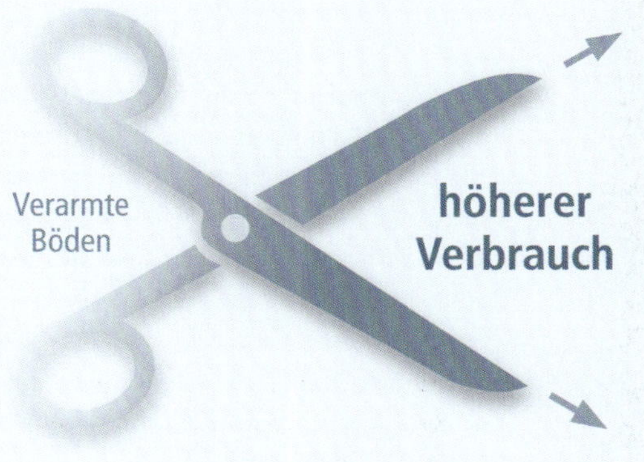

Verarmte Böden ⟶ höherer Verbrauch von Mikronährstoffen durch Giftstoffe

Im Frühjahr ist Hochsaison für das Ausbringen von Herbiziden.

HERBIZIDE

Herbizide sind Unkrautvernichtungsmittel. Es gibt selektive Herbizide, die gegen bestimmte Pflanzen wirken und Totalherbizide, die alle Pflanzen abtöten. Dabei kann man die Total-Herbizide in unterschiedliche Klassen einteilen. Es gibt z. B. Substanzen, die die Photosynthese hemmen oder bestimmte Aminosäuresynthesewege innerhalb der Pflanzen. Es gibt eine Fülle von Mono-Substanzen, die aber nie als Mono-Herbizid verkauft werden. In der Regel gibt es Produkte, in denen verschiedene Substanzen gemischt wurden. Toxikologisch wird in der Regel nur die Mono-Substanz auf ihre Schädlichkeit oder eben Unbedenklichkeit hin untersucht und z. B. ein Grenzwert festgelegt, unterhalb dessen die Anwendung ohne Gefahr für das eigene Leib und Leben und das der Mitmenschen und Tiere erfolgen kann. Stand 2020 gibt es in der EU 980 verschiedene Mittel zur Unkrautbekämpfung und 283 zugelassene Wirkstoffe (https://www.umweltbundesamt.de/daten/land-forstwirtschaft/pflanzenschutzmittelverwendung-in-der#absatz-von-pflanzenschutzmitteln). Das bedeutet, dass es dreimal so viele Kombinationen gibt wie Einzelsubstanzen selber. Ich finde das recht unüberschaubar. Übrigens haben sich diese beiden Zahlen gegenüber dem Jahr 2000 kaum wirklich verändert. Es werden zwischen 30.000 und 35.000 Tonnen Herbizide pro Jahr in Deutschland ausgebracht. Das wohl bekannteste Herbizid ist Glyphosat. Es gerät zunehmend in die Kritik. Die Industrie bemüht sich immer wieder, seine Unbedenklichkeit zu beweisen. Allerdings gibt es in wissenschaftlichen Datenbanken

Studien zeigen Zusammenhang zwischen Erkrankungen bei Kühen und herbizidhaltigem Futter.

über 500 Studien zum Thema Glyphosat und Toxizität, was den humanen Bereich angeht. Für das Pferd gibt es genau drei Studien (Stand Nov. 2022). Eine davon untersucht den Einfluss von Glyphosat selber und dem meistverkauften Herbizid Roundup®, eine Mischung aus Glyphosat und weiteren Herbiziden, auf die Motilität (Beweglichkeit) von Hengstsperma und kommt zu dem Schluss, dass Glyphosat alleine wenig schädliche Wirkung zeigt, die Formulierung Roundup hingegen schon.

Die Arbeitsgruppe um Frau Prof. Krüger an der Universität Leipzig hat vor einiger Zeit bahnbrechende Forschungsarbeit geleistet. Sie untersuchten ganze Rinderbestände, die an Botulismus litten und suchten nach der Ursache für die Erkrankung. Die Antwort gefiel einigen nicht. Sie hieß: glyphosathaltige Futtermittel schädigten den Darm der Rinder, sodass toxinbildende Clostridien im Darm der Tiere überwuchern konnten, was zum Botulismus der Tiere führte. Die Studien belegen einen klaren Zusammenhang zwischen mit Glyphosat belasteten Futtermitteln und chronischem Botulismus bei Rindern. Es gibt auch andere Studien aus der Schweinezucht, die einen Zusammenhang mit missgebildeten Föten zeigt. Das Thema ist unangenehm und groß. Und wie bei ähnlichen Themen mit Vergiftungen in der Geschichte, wird erst mal verneint und Studien, die die Unbedenklichkeit bescheinigen sollen, veröffentlicht. Schlimm ist, dass es die meisten Menschen nicht interessiert. Und wenn es eine beunruhigende Meldung gab, sind wir froh, wenn wir erfahren dürfen, dass es sich nun „aufgeklärt" hat und an der ursprünglichen negativen Meldung nichts dran war.

WAS IST GLYPHOSAT?

Schauen wir uns Glyphosat etwas genauer an. Glyphosat gehört zur Gruppe der sog. Phosphonsäuren und ist ein Totalherbizid. Es inhibiert den sog. Shikimisäureweg. Ein Stoffwechselweg, der der Synthese der Eiweißbausteine Tyrosin, Tryptophan und Phenylalanin dient und der ausschließlich in Pflanzen vorkommt. Das ist immer das Argument, dass es uns Menschen oder auch Tiere gar nicht schädigen kann. Wie wir heute wissen, ist das aber nicht ganz richtig. Denn Glyphosat ist genauso groß wie die Aminosäure Glycin und kann analog anstelle von Glycin überall im Säugetierorganismus eingebaut werden. Was das für fatale Folgen haben kann, werden wir später sehen.

Glyphosat wirkt außerdem wie ein Antibiotikum. Das bedeutet, dass es Wirkung auf unsere Mitbewohner im Darm nehmen kann. Denn diese besitzen den Shikimisäureweg ebenso wie Pflanzen. Glyphosat führt dazu, dass sich förderliche Bakterien nicht mehr so wohl fühlen und verdrängt werden und schädigende, wie die bereits erwähnten Clostridien, sich massenhaft vermehren. Auch Pilze bekommen durch die Anwesenheit von Glyphosat einen Wachstumsvorteil. Das hat grundlegende Auswirkungen auf den Darm. Nicht nur auf den von Rindern, sondern auch den von Pferden oder Hunden und Katzen und auch den von uns Menschen.
In der humanen Praxis sehen wir eine Zunahme von Patienten mit schweren Hista-

Magenprobleme nehmen bei Pferden besorgniserregend zu.

minproblemen und Nahrungsmittelunverträglichkeiten. Die Patienten vertragen viele Lebensmittel nicht mehr und wenn sie sie essen, haben sie schlimme Reaktionen wie z. B. Schmerzen. Diese können überall sein und sind nicht auf den Darm beschränkt. Allerdings scheint kaum ein Darm noch normal zu sein. Viele Menschen merken, dass sie Weizen nicht mehr vertragen und steigen auf andere Getreidearten oder auf eine glutenfreie Ernährung um. Das macht man nicht, weil es Mode ist. Das macht man nur, weil es einem damit besser geht. Denn die Form der Ernährung ist teurer, schwieriger zu beschaffen und schmeckt zum Teil grauenhaft. Und bei unseren Pferden ist es doch genauso. Getreidefreie Fütterung, weil es Mode ist? Oder eher, weil mein Pferd sonst Kotwasser hat oder unter Magengeschwüren leidet? Apropos Magengeschwüre: In einer Untersuchung der Dünndarmflüssigkeit bei Pferden mit Magenschleimhautentzündung oder Geschwüren wurde in jeder untersuchten Probe Glyphosat nachgewiesen. Glyphosat ist also in unseren Pferden vorhanden. Ob es an der rasanten Zunahme an Magenproblemen beteiligt ist, kann nach wie vor nur gemutmaßt werden, da die Kontrollgruppe und das Geld zu weiterer Forschung fehlt. Interessant ist auch die Tatsache, dass ein emeritierter Professor (Prof. Dr. G. Schusser) sich dieses heiklen Themas annimmt. Es gibt mächtige Lobbyisten, die sogar Universitäten zum Schweigen bringen können.

Glyphosat hat Einfluss auf unsere Darmbakterien und unser gesamtes Mikrobiom. Das ist bei Menschen und Tieren und eben auch unseren Pferden so. Es ist Irrsinn zu glauben, wir könnten eine Tiergruppe ausschließen oder Glyphosat würde durch den Stoffwechsel laufen und dabei keine Spuren hinterlassen. Tatsächlich finden wir Glyphosat eingebaut anstelle von Glycin in den tiefsten Tiefen bis auf die DNA-Ebene. Glycin ist eine Aminosäure, ein Eiweißbaustein, und zwar der kleinste. Glyphosat ist genauso groß und sieht ähnlich aus. An vielen Stellen im Stoffwechsel kann Glyphosat anstelle von Glyzin eingebaut werden. Das hat nachteilige Wirkung. Es verändert viele Proteine, z. B. Strukturproteine, und Enzyme und hat negativen Einfluss auf elementare Stoffwechselprozesse.

Wir stehen ganz am Anfang der Forschung zu untersuchen, welche Konsequenzen das haben kann.

Getreidefreie Fütterung, weil es Mode ist?

WAS WISSEN WIR AKTUELL?

Glyphosat wirkt auf den Darm wie ein Antibiotikum. Glyphosat erschwert die Vitamin D3-Bildung über die Haut und damit auch die Aufnahme von Zink. Es verändert die Sulfatierung von Hormonen und von Blut und hat damit negativen Einfluss sowohl auf die Viskosität (Fließfähigkeit) des Blutes als auch die Entgiftung. Glyphosat ist ein sog. „endokriner Disruptor", d. h. es inhibiert oder entkoppelt den Hormonstoffwechsel. Vornehmlich die Schilddrüsen und Nebennierenhormone. Glyphosat ist toxisch für die Nervenzellen. Es behindert in Tieren die Kobalt- und Manganaufnahme. Damit wird auch die Synthese von Vitamin B12 erschwert. Auch das kann wiederum zahlreiche Stoffwechselschieflagen generieren.

E-Smog kann sensible Pferde belasten.

E-SMOG

Elektro-Smog ist die Sammelbezeichnung für alle Arten von magnetischer, elektrischer und elektromagnetischer, also künstlicher, Strahlung, der wir alle ausgesetzt sind. Es geht los bei der Abstrahlung von elektrischen Geräten, Kriechströmen von nicht geerdeten Leitungen, über Felder von Hochspannungsmasten bis hin zu Handy- und Mobilfunkstrahlung. Auch das WLAN in unseren Häusern und mittlerweile auch Städten gehört dazu. E-Smog-Sensibilität ist eine ernstzunehmende Erkrankung, die für die Betroffenen furchtbar ist, weil sie die Auswirkungen dieser Strahlung sofort am Körper in Form von Schmerz oder Konzentrationsstörungen wahrnehmen. Was und ob Pferde diese Strahlung wahrnehmen, wissen wir nicht. Aber sie sind ja doch um einiges sensibler oder sensitiver als wir Menschen. Was wir in der Praxis schon gesehen haben, sind z. B. Headshaker, die, wenn sie unter Hochspannungsmasten gehalten werden, deutlich mehr mit dem Kopf schütteln. An Tagen, an denen die Felder schneller in den

Boden abgeleitet werden (Regentage), zeigen sie jedoch deutlich weniger Symptome. Auch Osteopathen können den Einfluss der Strahlung auf das Gewebe spüren und raten oft den Haltern mit den Pferden umzuziehen, damit sie nicht 24 Stunden dem direkten Einfluss von Hochspannungsmasten oder Handymasten ausgesetzt sind. Je mehr Abstand, umso besser. Was die Mobilfunkstrahlung betrifft, so können wir ihr in den kommenden Jahren wohl immer schlechter ausweichen. Die Netze werden ausgebaut und die Frequenzen hochgefahren. Aber von Hochspannungsmasten kann man durchaus Abstand halten. Es gibt übrigens einige Studien, die einen Zusammenhang zwischen Hochspannungsmasten und Leukämie (Blutkrebs) beim Menschen zeigen. Möglichst viel Abstand von Handymasten hilft auch. Die Memon®-Technologie kann die ungünstigen Auswirkungen dieser Strahlung minimieren. Man kann es im Stallbereich installieren oder z. B. auch an der Trense oder dem Halfter als kleinere Lösung.

„Die memon Technologie funktioniert ähnlich wie die Schallaufhebung beim noise cancelling in einem Cockpit. Um den Schall zu neutralisieren, wird ein Gegenschall (eine Gegeninformationsquelle erzeugt, die der des störenden Schalls entspricht). Bei memon werden über den Stromkreislauf in Räumen, alle belastenden Informationswellen neutralisiert, doch die technischen Wellen bleiben erhalten, sodass weiterhin uneingeschränkt alle Technik genutzt werden kann.“ (https://www.memon.eu/ueber-memon/technologie/).

Beim Insektenschutz greifen Sie besser auf biologische Mittel zurück.

INSEKTIZIDE

Insektizide gehören zu den Pestiziden und sollen Insekten und deren Larvenstadien abtöten. Im Pferdebereich wird z. B. der Misthaufen oft mit diesen Chemikalien behandelt, damit weniger Fliegen sich darin entwickeln können. Insektizide werden auch im Stallbereich gegen Fliegen oder andere Lästlinge ausgebracht. Sie kommen aber zum Teil auch direkt am Pferd zur Anwendung. Der Wirkstoff Permethrin ist ein Nervengift und wird oft genug im Sommer direkt auf die Haut der Tiere aufgetragen. Es gibt auch natürliche Biozide, die nicht wirklich besser oder weniger giftig sind, nur weil sie aus einer Pflanze gewonnen werden (z. B. Chrysanthemenblütenextrakt). Auch Waschungen gegen Haarlinge und Milben enthalten diese Gifte. Sie sind keineswegs harmlos und sollten niemals nach dem Motto „viel hilft viel“ angewendet werden. Sonst kann es zu echten Belastungen und Vergiftungen kommen. Halten Sie mit Ihrem Pferd Abstand von solchen Mitteln und setzen Sie sie nur zur Not oder bei echtem Bedarf in angemessener Dosierung ein. Vielleicht wollen Sie im Sommer ätherische Ölmischungen nutzen, um Fliegen und Bremsen abzuhalten. Diese sind auch leicht selbst herzustellen.

DIE ENTGIFTUNG

— *Toxine richtig ausleiten*

ENTGIFTUNG UND LEBERSTOFFWECHSEL

Giftstoffe, auch körpereigene Hormone und Neurotransmitter, die verbraucht wurden und abgebaut werden müssen, werden mit Hilfe von zwei biochemischen Phasen entgiftet. Diese zu kennen hilft uns, die Zusammenhänge etwas besser zu durchschauen.

Die Entgiftungsphase 1 läuft über das sog. Cytochrom P450 System. Eine Enzymfamilie, die alle Häm als aktives Zentrum besitzen. Phase 1 und 2 müssen „in Reihe laufen". Manch ein Giftstoff ist nach Phase 1 giftiger als vorher, weil er in Phase 1 reaktiv gemacht wird, damit er sich schnell in Phase 2 mit etwas verbinden kann, um ausgeleitet zu werden. In Phase 2 gibt es unterschiedliche Möglichkeiten, wie so eine Bindung bzw. Konjugation aussehen kann. Am bekanntesten ist Glutathion. Methylierung (z. B. SAM) und Acetylierung (mit Hilfe von Vitamin B5) sind weitere Möglichkeiten der Entgiftung in Phase 2.
Die Leber ist aber nicht nur für das Thema Entgiftung zuständig. Sie ist auch am Blutzuckermanagement beteiligt. Sie lagert Glykogen als Reserve ein. Fällt der Blutzuckerspiegel zu stark ab, ist das Stress für die Zellen. Die Nebenniere produziert sogleich Cortisol, welches die Leber auffordert aus Glykogenreserven wieder Zucker zu mobilisieren und dem Körper zur Verfügung zu stellen. Immer dann, wenn die Leber am Zuckerstoffwechsel in irgendeiner Form beteiligt ist, bleibt alles andere an Entgiftungsarbeit liegen. Gerade zum Beispiel Fruktose, also Fruchtzucker aus Rüben, Karotten oder Obst, oder auch Fruktane (langkettige Fruktosemoleküle) aus Gras **behindern** dabei also eher die Entgiftung als sie zu fördern. Was bedeutet das im Umkehrschluss? Eine Ernährungs- oder Fütterungsform, die Low Carb beachtet (also wenig Kohlenhydrate) entlastet vor allem das Organ Leber und damit den gesamten Stoffwechsel. Das ist so wichtig, dass man es eigentlich zehnmal hintereinander schreiben müsste. Low Carb entlastet den Stoffwechsel und hilft dabei der Leber, besser zu entgiften.
So viele Pferde zeigen Leberprobleme an. Der Grund dafür ist die Belastung unserer Pferde mit Giftstoffen. So viele Pferde haben heute Zivilisationskrankheiten als Folge davon. Lassen Sie uns ihnen helfen. Auch wenn sie noch nicht krank sind, können regelmäßige Detox-Kuren ein wahrer Jungbrunnen sein. Ein guter Zeitpunkt dafür ist immer im Frühjahr und im Herbst, also mind. zweimal im Jahr. Bei bekannten Belastungen natürlich auch öfter (Bsp. Ausbringen von Herbiziden auf das Nachbarfeld). Auch der Fellwechsel ist anstrengend für unsere Pferde. Eine gezielte Unterstützung auch gesunder Pferde in dieser Zeit mit Hilfe von Mikronährstoffen und Phytotherapeutika kann so manchen Tierarztbesuch ersetzen und damit richtig Geld sparen. „Vorbeugen ist besser als heilen" ist ein altes Sprichwort, es geht auf Hippokrates um 400. n. Christus zurück, und ist vielleicht niemals wahrer als in der aktuellen Zeit.

Gerade im Frühjahr und Herbst machen Ausleitungskuren Sinn.

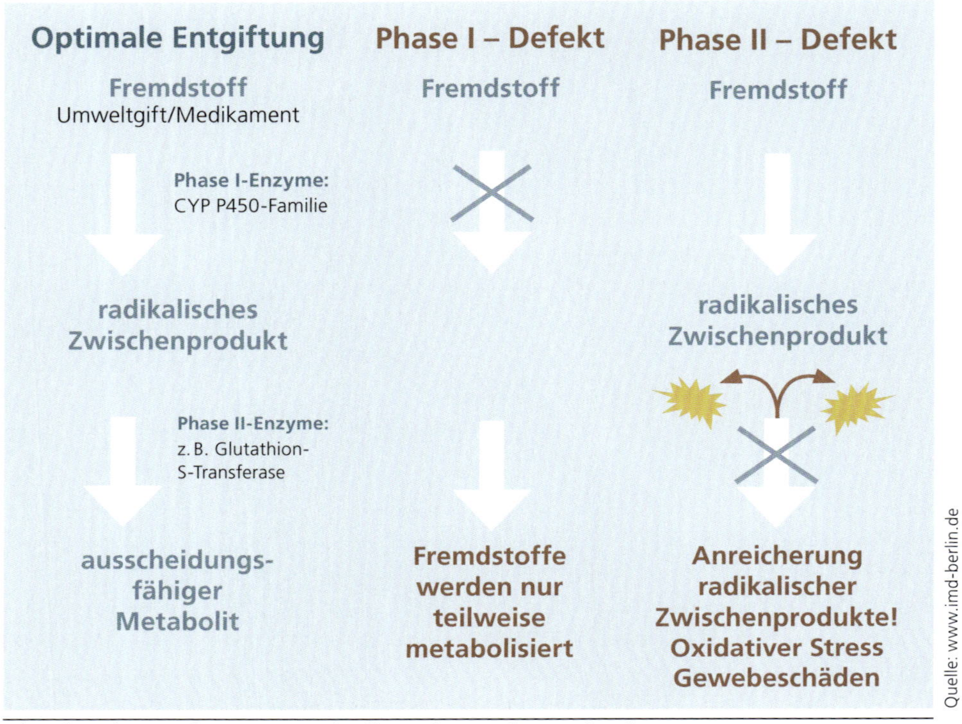

Physiologische Entgiftung von Fremdstoffen und wenn Phase 1 oder Phase 2 gestört ist

DETOX: SO ENTGIFTEN SIE IHR PFERD

Dass unsere eigene Entgiftungsleistung und auch die unserer Pferde zunehmend an seine Grenze kommt, haben wir uns gemeinsam angeschaut und einige Folgen auch in Form von Krankheiten gesehen. Was können wir generell tun, um unsere Pferde zu entgiften?

Was können wir vor allen Dingen auch am besten prophylaktisch unternehmen, damit Krankheiten gar nicht erst entstehen? Entgiftung fängt immer innerhalb der Zelle an. In die Zelle gelangen „nur" Mikronährstoffe, also keine Bindemittel oder Ähnliches. Über 300 Entgiftungsenzyme arbeiten mit Hilfe von Vitamin B6 und Zink. Diese beiden Nutrienten sind also unabdingbar für jede Form der Entgiftung. Andersrum formuliert: mit der Einnahme von Zink und Vitamin B6 entgiften wir die Zellen. Der Müll wird aus der Zelle geschleust, die Zelle davon befreit. Hier fängt Entgiftung an! Das wird gerne übersehen. Keine Detox-Kur ohne Zink und Vitamin B6!
Um den Abtransport dann weiter zu unterstützen, können wir Phytotherapeutika wählen, die helfen, das Gewebe und die Organe zu entgiften. Chlorella, Bentonit, Pflanzen-

kohle und Moor (Huminsäuren aus Torf, z. B. Sonnenmoor) stehen uns zum Binden für den Darm und zur Entlastung der Leber zur Verfügung. Jedes einzelne hat ein unterschiedliches Spektrum. Nicht jedes nimmt „alles" mit. Gut ist es in der Regel, den Giftstoff zu kennen. Ansonsten liegen meine Präferenzen für meine Pferde klar bei der Chlorella-Alge. Eine saubere Alge (fragen Sie die Firma nach einem Analysezertifikat des Batches, das Sie auch gekauft haben, z. B. der Firma Heidelberger Chlorella) muss unbelastet sein. Dann können wir sie zu therapeutischen Zwecken nutzen. Bentonit ist wunderbar, auch um Histamin oder Magensäure zu binden. Kann aber Aluminium frei setzen oder ist auch oft mit Blei belastet. Moor ist manchmal zu schwach. Mumjio dann eine tolle aber teure Alternative, gerade auch, wenn es um das Entgiften von Herbiziden geht.
Die Ausleitung über die Niere wird mit Hilfe von Goldrute oder Brennnessel gefördert.

Handelsübliche Kräutermischung für Pferde

Im Handel gibt es vorbereitete Mischungen. Trocken in Form von Kräutern oder auch flüssig, quasi bereits als Aufguss/Teesud, nur eben haltbar gemacht. Was auch immer für Sie in der Handhabung besser funktioniert, ist in Ordnung. Wie gut eine Mischung ist, sehen Sie an Ihrem Pferd. Wenn es in der Zeit der Verfütterung des Produktes in irgendeiner Form schlechter wird (z. B. hektisch, nervös, apathisch, müde etc.) oder sogar Symptome bekommt wie Durchfall oder vermehrten Juckreiz etc, dann ist es nicht das richtige Produkt für Ihr Pferd. Dann suchen Sie einfach nach einer besseren Alternative. Ich schreibe das deswegen so pragmatisch und einfach, weil es so unendlich viele Mischungen auf dem Markt mit unterschiedlichen Zusammensetzungen gibt. Jedes Pferd kann individuell unterschiedlich reagieren. Wenn wir Mischungen benutzen, besteht immer auch die Möglichkeit, dass ein Bestandteil nicht gut tut und z. B. eine allergische Reaktion hervorruft. So verträgt z. B nicht jedes Pferd Süßholz. Süßholz hat eine energetische Wirkung und treibt den Blutdruck in die Höhe oder verstärkt die Energie. Auch das kann nicht gewollt oder unangenehm sein.
Keine Entgiftung funktioniert, wenn das Pferd Mikronährstoffmängel hat. Es ist also ratsam, die Entgiftung mit Zink und B-Vitaminen zu fördern und auf einen ausgeglichenen Selenspiegel zu achten.

ENTGIFTUNGSPHASEN UND DIE STOFFWECHSELSTÖRUNG HPU

Die Entgiftungsstörung HPU, mit der wir uns im nächsten Kapitel näher befassen, führt zu einem Häm-Mangel und weist in der Entgiftungsphase 1 bereits Schwächen auf. Gifte können sich in dieser Patientengruppe besonders anreichern.

Entgiftung macht müde Pferde wieder munter.

Die Entgiftungsphase 1 läuft bei unbehandelter HPU in der Regel weniger effizient als bei Pferden oder Menschen, die diese Stoffwechselstörung nicht haben.
Auch die Entgiftungsphase 2 kann bei HPUlern defizient sein, da die Aminosäure Cystein, die auch im Entgiftungsmolekül Glutathion enthalten ist, Vitamin B6-abhängig hergestellt wird. Ein B6-Mangel führt daher in der Regel auch zu einem Mangel an Glutathion und damit einer eingeschränkten Entgiftungsfähigkeit der Phase 2. Deswegen sind HPUler also schlechte Entgifter und zeigen Probleme mit Giftstoffen als erste an.
Natürlich ist es nicht ganz so trivial, wie wir es versuchen hier darzustellen. Glutathion z. B. sorgt auch dafür, dass der Insulinrezeptor sensitiv bleibt. Wenig Glutathion bedeutet also auch ein Abstumpfen des Insulin-Rezeptors und damit ein höheres Risiko für Diabetes oder Insulinresistenz. Finden Sie unsere EMS Pferde hier wieder? Und eben auch die Verbindung von allgemeinen Stoffwechselproblemen zur so weit verbreiteten Stoffwechselstörung HPU. HPU dreht Schräubchen an ganz elementaren Stellen im Stoffwechsel. Leber, Entgiftung und Blutzuckermanangement haben wir uns gerade noch mal angeschaut. Schwankende Blutzuckerspiegel machen Stress und zusammen mit Mikronährstoffmängeln wird die Stressachse bestehend aus Hypophyse, Schilddrüse und Nebenniere massiv gestört. EMS, EFS und Cushing können die Folge sein. Ebenso wie HS oder Ataxien. Es ist immer eine Kombination aus Belastung mit Umweltgiften und mangelnder Entgiftung derselben durch eine eingeschränkte Entgiftungsfähigkeit.

Ausscheidung der Giftstoffe

Quelle:https://natura-heilpraxis.de/entgiftungskapazitaet/

ENTGIFTUNGS-STÖRUNG HPU

—erkennen und behandeln

WAS IST HPU?

HPU ist nicht das Gleiche wie KPU, auch wenn beide oft als Synonym verwendet werden. Ein KPU-Nachweis aus dem Labor bedeutet in der Regel nicht viel. Nur, dass Ihr Pferd Probleme mit dem Abbau von einem wichtigen körpereigenen Molekül hat, dem Häm.

Das kann jeder phasenweise haben. Wenn z. B. vorher Kontakt mit Giftstoffen stattgefunden hat oder wenn Ihr Pferd eine Dysbiose hat, also Fehlgärungen im Darm aufweist. Deswegen ist die Konsequenz daraus auch immer, dass der Pferdehalter gefühlt „eins auf den Deckel bekommt". Falsche Fütterung oder zu wenig Bewegung wird auch hier wieder sofort als Schadfaktor identifiziert. Ein Zweijahresplan wird aufgestellt und danach ist der Darm wie neu und das Pferd auch.

Es wäre schön, wenn es so funktionieren würde. Tut es aber nicht. Wenn wir den Verdacht haben, dass das Pferd an einer Stoffwechselstörung leidet, dann haben wir als Pferdehalter in der Regel schon viele Tierarztbesuche hinter uns und viel ausprobiert. Es liegt nahe, dass das Stoffwechselproblem eines ist, das auf unser genetisches Erbe zurückgeht und das wir oder unsere Pferde uns das nicht einfach eingefangen haben wie einen Schnupfen, der durch eine Darmsanierung z. B. wieder weggeht.

HPU bleibt. Bedeutet: Mein Pferd hat einen besonderen Stoffwechsel und zwar sein Leben lang.

HPU ist eine Störung des Häm-Synthesestoffwechsels. Dabei wird zu wenig von dem gewünschten Stoff Häm gebildet und stattdessen fallen neben dem Endprodukt Häm giftige Zwischenprodukte an, nämlich die Hämopyrrollaktame (HPL). Dieses HPL muss mithilfe von Zink, Mangan und aktivem Vitamin B6 entgiftet werden. Dabei kann es zum Mangel an diesen wichtigen Mikronährstoffen kommen.

HPUler haben eigentlich immer einen erhöhten Bedarf für diese Mikronährstoffe und auch eigentlich einen erhöhten Bedarf an der körpereigenen Substanz Häm.

Wozu brauchen wir Häm im Stoffwechsel? Häm ist ein Molekül, das jeder Säugetierstoffwechsel selber bilden kann. Dazu braucht es acht enzymatische (Arbeits-) Schritte. Dabei wird aus einem linearen Molekül ein kreisrundes. Das wird dann an ganz wichtigen Stellen eingebaut. Z. B. ins Hämoglobin und ins Myoglobin, da sorgt es für den Sauerstofftransport im Blut und in der Muskulatur. Außerdem ist es die zentrale Schaltstelle der Entgiftungsphase 1 (Cytochrom P450). Die ist komplett von Häm abhängig. Wenig Häm bedeutet an dieser Stelle wenig Entgiftungskapazität in Phase 1. Aber es gibt noch weitere Entgiftungsenzyme, die Häm als aktives Zentrum brauchen. Und als wäre das alles noch nicht genug, so dient Häm auch in den Mitochondrien, den Kraftwerken der Zellen, im sog. Cytochrom C der Atmungskette, der Energieherstellung. Weniger Häm durch HPU? Weniger Energie, schlechtere Entgiftung, Probleme im Stoffwechsel.

Wie kommt es denn bei HPU dazu, dass weniger Häm gebildet wird?

Drei bis vier der Enzyme, die bei der Herstellung des Häms beteiligt sind, sind nicht so aktiv, wie sie es sein sollten oder könnten. Bei Stress geht die Ausbeute an einwandfreiem Häm als Endprodukt sogar noch weiter runter und stattdessen wird das fehlerhafte Hämopyrrollaktam (HPL) gebildet. Dieses HPL ist giftig für die Nervenzellen und muss entsorgt werden. Das allein hält die Entgiftungsmaschinerie schon auf Trab, da hat noch gar kein Kontakt mit anderen Giftstoffen stattgefunden. Der HPU-Stoffwechsel ist also schneller am Limit als ein normaler Stoffwechsel. Und das geht nicht einfach alles weg, nur weil man den Darm saniert. HPU-Patienten brauchen große Mengen an Zink, Mangan und aktivem Vitamin B6, um den Problemstoff HPL zu entgiften.

DER UNTERSCHIED ZWISCHEN HPU UND KPU

HPU ist vor allen Dingen auch eine **Auf**baustörung des Häms, nicht nur eine Abbaustörung. Und wenn man weiß, wozu Häm alles wichtig ist, wird klar, dass das einen riesengroßen Unterschied macht. HPL-Komplexe werden spezifisch über den HPU-Test nachgewiesen. Ein KPU-Test kann das nicht. Wenn Sie also wissen wollen, ob Ihr Pferd tatsächlich eine Stoffwechselstörung aufweist und nicht nur ein aktuelles Thema hat, dann machen sie den HPU-Test. Dann haben Sie anschließend Klarheit. Den HPU-Test® führt das Labor KEAC in den Niederlanden durch (www.keac.nl). Hier kann man ein Testset bestellen, den Urin seines Pferdes auffangen und einschicken. Das Ergebnis kann einige Wochen auf sich warten lassen. Das Testverfahren ist ein

☞ HPU und KPU IM VERGLEICH

HPU	KPU
Auf- und Abbaustörung des Häm	Abbaustörung von Häm
Mangel an Häm	Ausreichend Häm
Entgiftungsphase 1 gestört	
Energiegewinnung der Mitochondrien gestört	
Stressabhängig verstärkte Bildung von neurotoxischem Hämopyrrollaktam (HPL)	
Vermehrt oxidativer Stress	
Erhöhte Entzündungsbereitschaft	
Mangel an Zink und aktivem Vitamin B6, Mangan, Gluthation	Mangel an Zink, Vitamin B6
Entgiftungsphase 2 vermindert	

HPU und KPU IM VERGLEICH

HPU	KPU
Genetisch, ein Leben lang	Aktuell Kontakt mit Giftstoffen? Fehlgärung?
Weist HPL-Komplex spezifisch nach	Weist Kryptopyrrole nach, ein Sammelsurium an Pyrrolverbindungen, unspezifisch
Ausgleich der HPU mit gezielter Mikronährstofftherapie	Kräuter für den Darm, Zink und B6
Wiederherstellung der Fitness und Gesundheit	Wenn es nicht klappt, war der Halter angeblich nicht konsequent genug in der Umsetzung

sog. Double-Sandwich Elisa, das ist nicht so trivial und dauert einige Zeit in der Durchführung. Wurde das Pferd positiv auf HPU getestet, so weiß man nun schon ziemlich viel. Darauf kommen wir gleich zu sprechen. Wichtig ist: Ob die HPU schwach oder stark ausgeprägt ist, ist egal. In diesem Fall gilt: „Ein bisschen schwanger gibt es nicht“. Liegt die Ausscheidung oberhalb des Referenzwerts, so ist das Pferd HPU positiv und sollte mit den entsprechenden Supplementen dauerhaft behandelt werden. Mineralfutter oder Zusatzfuttermittel, die B-Vitamine oder Zink enthalten, bitte ein paar Tage oder auch 1 – 2 Wochen vor dem Test absetzen.

TRICKS, UM URIN AUFZUFANGEN

Doch Urin aufzufangen ist nicht immer einfach!

Manche Pferde haben bestimmte Gewohnheiten. Also pinkeln z. B. immer nach dem Ausritt oder in die frisch eingestreute Box. Wenn man das weiß, kann man das nutzen und vorbereitet sein. Wichtig ist ein sauberes Gefäß. Also einen sehr sauberen und heiß ausgewaschenen Eimer oder ein sauberes Einmachglas. Ist das Pferd „genant“, also geniert es sich und hört auf zu urinieren, wenn man sich nähert, so übt man das vorher ein wenig, damit es sich durch den herannahenden Besitzer (in Ruhe nähertretend) nicht gestört fühlt. Zielführend ist oft, wenn man sich eine Halterung für den Eimer oder das Glas baut. Z. B. an die umgedrehte Seite eines Besens. Also an dem Stiel eine Halterung baut, in der man das Glas oder den Eimer befestigen kann. Dann muss man nicht so nah heran und kann die Probe auffangen. Man benötigt Mittelstrahlurin. Das bedeutet, dass man nicht den ersten Urin auffängt, wenn das Pferd loslegt, sondern wenn es bereits am Pinkeln ist. Und

Ein wenig Geduld wird schon benötigt, um eine Urinprobe zu entnehmen.

wenn möglich auch nicht die letzten Tropfen. Es werden nur 10 ml benötigt, also eine ganz kleine Menge, die dann sofort anschließend in das Probenröhrchen umgefüllt wird. Das Probenröhrchen enthält Vitamin C als Stabilisator. Die Probe ist für den Transport stabil, sobald sie im Probenröhrchen ist und sollte dann lichtgeschützt bis zum Versand aufbewahrt werden. Am besten einfach gleich im Anschluss für den Postversand fertig machen. In der Versandtasche ist es ja dunkel. Haben Sie die Probe abends gefangen und wollen die Probe erst am nächsten Tag auf die Post bringen, dann lagern Sie sie über Nacht bitte im Kühlschrank.

HPUler sind in erster Linie schlechte Entgifter. Das muss so lange nichts bedeuten, so lange man auch keinen Kontakt mit Giftstoffen hat oder nur mit geringen Mengen konfrontiert wird. HPU bedeutet auch: Die Muskelbildung funktioniert u.U. nicht so gut, Regenerationszeiten dauern länger (auch z. B. nach einem anstrengenden Training), das Pferd neigt zuMagen-Darm-Problemen oder Futtermittelunverträglichkeiten, zeigt ein schwaches Immunsystem oder die Neigung zu Allergien. Es ist leicht gestresst und tendenziell ängstlich. Das kann sein, muss aber nicht.

FALLBEISPIEL: FRIESENSTUTE MEINOU

An dieser Stelle möchte ich ein **Beispiel** meiner eigenen Friesenstute Meinou einbringen. Meinou ist ein extrem ängstliches und schreckhaftes Pferd. Eigentlich hätte ich vor dem Kauf schon einen Urintest machen sollen, habe ich aber nicht. Sie hat mir einfach super gut gefallen und ich wollte sie haben. Also habe ich sie so gekauft und gedacht: Na, so schlimm kann das bei einem Friesen nicht sein, das kriegen wir schon hin. Entspannt wurde sie allerdings erst mit großen Dosen Zink und aktivem B6 und dem absoluten Verzicht auf Kupfer im Futter. Dann war sie jahrelang ein tolles Pferd. In diesem Moment, sie ist jetzt 18 Jahre alt, kämpfen wir mit der neuartigen Zahnerkrankung „Equine Odontoclastic Tooth Resorption and Hypercementosis“ (kurz: EOTRH). EOTRH bedeutet: die Zähne, vor allem die Schneidezähne, werden durch körpereigene Zellen, den Osteoklasten, vermehrt abgebaut. Der Körper versucht dagegen zu halten und repariert mit einem zementähnlichen Material. Es kommt zu knollenartigen Auftreibungen in den Zahnfächern. EOTRH ist sehr schmerzhaft für die betroffenen Pferde, die Zähne sind im fortschreitenden Verlauf entzündet und müssen extrahiert werden. Pferde, die Zahnschmerzen haben, sind gestresst. Stress triggert die HPU, das bedeutet, dass jede Form von Stress die Stoffwechselstörung HPU verstärkt. Meine Stute Meinou zeigt eben dieses Verhalten: sie ist wieder extrem ängstlich und angespannt. Bekommt sie Toxinbinder mit ins Futter (die beherdeten Zähne sondern Toxine ab, die entgiftet werden müssen), dann wird sie wieder ruhig. Natürlich müssen die Zähne raus. Und natürlich beantwortet das nicht die Frage, was ursächlich für EOTRH ist. Die Forschung daran läuft ja erst an. Ich wollte mit dem Beispiel an dieser Stelle nur die Angstbereitschaft durch Stoffwechselprozesse und deren Zusammenhang schildern.

Zurück zur Stoffwechselstörung HPU. **Warum kommt es bei der HPU zu einem Mangel an Zink, Mangan und Vitamin B6?** Zink und Vitamin B6 werden zur Entgiftung des HPL-Komplexes benötigt und damit vermehrt verbraucht. Alternativ zum Zink kann der Körper auch Mangan verwenden. Der HPU-Stoffwechsel hat also zeitlebens einen erhöhten Bedarf an diesen Mikronährstoffen. Ob davon ausreichend vorhanden sind, kann man **nicht** im Blut

Meinou mit 18 Jahren

sehen. Zink, Mangan und Vitamin B6 können im Blut ausreichend oder sogar erhöht erscheinen. Die Schlussfolgerung: mein Pferd hat diese Stoffe ausreichend zur Verfügung, ist dennoch nicht zulässig. Die Biochemie des Blutes ist sehr komplex. Möglich sind z. B. sog. Stauphänomene: Im Blut erscheinen die jeweiligen Werte zu hoch, gelangen jedoch nicht in die Zelle, weil bestimmte Stoffe zur Aktivierung oder dem Transport fehlen. Ob etwas im Stoffwechsel ausreichend vorhanden ist, sagen uns lediglich Urinanalysen mit Sicherheit. Im Blut bekommt man lediglich Hinweise, die im Gesamtkontext interpretiert werden müssen. Deswegen ist der Urintest auf HPU auch so wichtig, weil die Stoffwechselstörung nicht über das Blut detektiert werden kann. Wenn ich mich als Halter auf Blutwerte „verlasse" ist es möglich, dass ich einem Irrtum unterliege, das Pferd sei ausreichend versorgt. Das passiert z. B. regelmäßig, wenn ein Zinkmangel per Bluttest festgestellt wird. Dann wird eine Dose vielleicht auch zwei Dosen Zink gefüttert, evtl. der Wert kontrolliert und wieder damit aufgehört. Gerade dann, wenn das Pferd sich anfangen könnte zu erholen.

HPU-SYMPTOME BEIM PFERD

Zu den HPU-Symptomen beim Pferd gehört eine erhöhte Infektanfälligkeit oder auch die Bereitschaft für Allergien. Lungenprobleme sind deshalb häufig oder auch Sommerekzem oder Probleme mit dem Darm wie Futtermittelunverträglichkeiten.

Die Pferde können leichter erschöpft sein oder längere Erholungsphasen benötigen. Sie zeigen im Blutbild evtl. auch eine Anämie. Die Konzentration auf eine Aufgabe kann schlecht sein oder sie zeigen Phasen von Schreckhaftigkeit oder anderen Verhaltensauffälligkeiten. Junge Pferde haben oftmals Probleme mit dem Muskelaufbau. Wird die HPU nicht behandelt oder das Pferd mit Giftstoffen konfrontiert, können Folgeerkrankungen aus der HPU entstehen. Metabolisches Syndrom, Cushing, Hufrehe, Arthrosen oder auch Lahmheiten, die durch chronische Infektionen wie Borrelien bedingt sind, können sich als Krankheitsbilder manifestieren. Auch neuromuskuläre Störungen gehören zur Symptomenplatte wie z. B. Headshaking. Gerade ältere Pferde scheinen Krankheiten zu sammeln und bekommen zahlreiche der oben genannten Diagnosen.

01

DAUER EINER HPU-THERAPIE

Eine HPU-Therapie dauert mindestens vier bis sechs Monate. Denn das ist der Zeitraum, den es braucht, um über Jahre eingelagerte HPL-Komplexe zur Ausscheidung zu bringen bzw. eine „Blutwäsche" zu machen.

01 Zeigt das Pferd z. B. eine Futterunverträglichkeit, ist eine Urinprobe sinnvoll, um auf HPU zu testen.

02 HPU-Pferde neigen häufig unter erhöhter Infektanfälligkeit. Hier ist Eindecken bei feucht-kalten Temperaturen sinnvoll.

Die Lebenszeit von roten Blutkörperchen (Erythrozyten) beträgt ca. 120 Tage. Also maximal vier Monate. Da nicht alle roten Blutzellen gleich alt sind, erneuern wir auch mithilfe der B-Vitamine (Vitamin B6, B12 und Folsäure) immer nur einen Teil. Deswegen die vier bis sechs Monate HPU-Therapie. Ist die Stoffwechselstörung HPU mit verantwortlich für eine bestimmte Krankheit oder bestimmte Symptome, so erfahren Sie in diesem Zeitraum eine Besserung bei Ihrem Pferd. Eben weil Sie ursächlich arbeiten. 2 Dosen Zink therapieren das gerade mal an. Die betroffenen Pferde profitieren in der Regel dauerhaft von der Supplementation dieser Nutrienten. Je nachdem wie krank sie vorher waren und wieviel Stress sie erleben, zum Teil auch einfach ein Leben lang. Außer der zeitlichen Dauer ist auch die richtige Dosierung entscheidend für den Therapieerfolg und auch das Pausieren von kupferhaltigen Futtermitteln.

02

DIE ROLLE DER MIKRONÄHR-STOFFE IM STOFFWECHSEL

ZINK

Zink ist wichtig für das Immunsystem, für die Haut, die Haare, das Horn. Es ist wichtig zur Entgiftung und für das Säure-Base-Verhältnis im Körper. Ein wichtiges Enzym, die Carbo-Anhydrase, braucht viele Zinkatome um aktiv zu sein. Dieses Enzym hilft dabei, CO_2 abatmen zu können. Raus mit dem verbrauchten Sauerstoff! Staut sich CO_2 im Stoffwechsel an – Sie kennen das Phänomen ähnlich von der Kohlensäure – dann säuert sich das Blut und das Gewebe an.
Zink ist an 300 verschiedenen enzymatischen Reaktionen im Stoffwechsel beteiligt. Auch Zellteilung und Fruchtbarkeit sind von Zink abhängig.
Ein Zinkmangel kann ein schwaches Immunsystem zur Folge haben mit wiederkehrenden Infekten oder auch chronischen Infektionen. Es erhöht die Bereitschaft für Allergien verbunden mit Atemwegsproblemen oder Hauterscheinungen. Schlechte Spermienqualität oder Unfruchtbarkeit bei Stuten oder auch Aborte können durch einen Zinkmangel bedingt sein.

MANGAN

Das Spurenelement Mangan spielt eine Rolle im Blutzuckerstoffwechsel und ist wichtig zur Synthese von Insulin. Mangan wird auch zur Herstellung von Schilddrüsenhormonen benötigt. Außerdem brauchen wir und unsere Pferde es zur Bildung von Knorpeln und Gelenken. Fehlt Mangan, dann kann das negative Auswirkungen an eben diesen Stellen hervorrufen und Arthrose, metabolisches Syndrom oder Schilddrüsenstörungen zur Folge haben.

VITAMIN B6

Auch Vitamin B6 ist an hunderten von Stoffwechselaktionen beteiligt. Es spielt eine Rolle im Eiweißstoffwechsel. Die kleinen Bausteine des Eiweißstoffwechsels, die Aminosäuren, werden zum Beispiel zur Produktion von Antikörpern und Verdauungsenzymen oder auch Neurotransmittern benötigt. Vitamin B6 braucht der Körper, um Vitamin B3 zu aktivieren. Vitamin B3

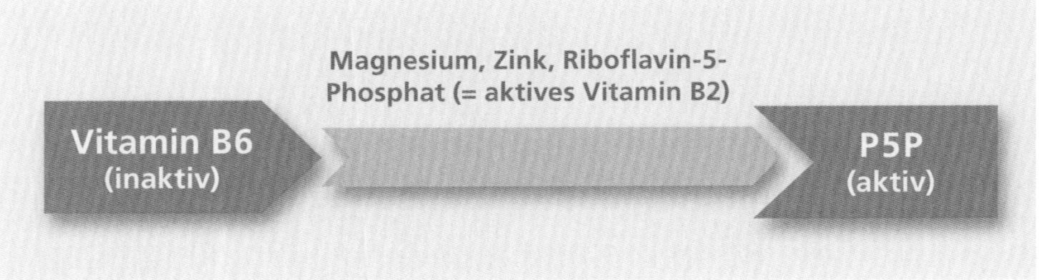

Aktivierung von Vitamin B6 (Pyrridoxin)

Gute Nährstoffversorgung ist nicht nur wichtig in Trächtigkeit und Stillzeit.

WO DIE HPU IM STOFFWECHSEL STÖRT

ZINK: Abatmen von Co2 durch die Carbo-Anhydrase → Zinkmangel bedeutet immer Übersäuerung.

P5P: wird benötigt v. a. für den Eiweiß- und Aminosäurestoffwechsel, zur Muskelbildung

wiederum ist essentiell für die Synthese von Schilddrüsenhormonen oder für die Energiegewinnung in den Mitochondrien. Fehlt Vitamin B6, kann es zu einer Anhäufung von giftigem Ammoniak im Körper führen und die Leber belasten. Ein Mangel zeigt sich in einer Entgiftungsschwäche, in Futtermittelunverträglichkeiten und Allergien, bei Problemen, Muskeln zu bilden oder auch in einer Stresslabilität.

HPUler haben in der Regel einen Energiemangel und deswegen Probleme, gerade das Vitamin B6 in seine aktive Form, das Pyrridoxal-5-Phosphat (kurz P5P), umzuwandeln. Die Spiegel im Blut können dann sogar erhöht sein und die Zelle dennoch am Verhungern. Deswegen kann eine HPU auch nur über den Urin detektiert werden. P5P ist eine Schlüsselsubstanz im HPU-Stoffwechsel. Als Nahrungsergänzungsmittel ist es beim Menschen erlaubt. In der Fütterung nicht. Das bedeutet, dass Hersteller, die behaupten, ihr Ergänzungsfuttermittel würde die aktive Form des Vitamin B6 (P5P) enthalten, sich entweder strafbar machen oder es nur behaupten, aber gar kein P5P untermischen.

Zum Stoffwechselausgleich sensibler HPU-Pferde gibt es bei der Firma Phytina GbR das Lillipyrrol®, das neben den Vitaminen Nucleotide enthält, die die Phosphorgruppen zur Aktivierung zur Verfügung stellen. Auch die Firma St. Hippolyt stellt ein solches Futtermittel her (VitaComplex).

MANAGEMENT BEI HPU-PFERDEN

HPU-Pferde brauchen ein gutes Haltungs-, Fütterungs- und Impfmanagement. Da die HPU sich unter Stress jeglicher Art verstärkt, sollte eine Haltungsform gewählt werden, in der sich das Pferd wohl fühlt. Das ist individuell sehr verschieden.

Es gibt nicht die eine Haltungsform, die die Beste für jedes Pferd ist. Auch wenn Offenstallhaltung oder Weidehaltung mit Artgenossen der artgerechten Haltung am nächsten kommt, kann es dennoch suboptimal sein, weil es z. B. Antipathien zwischen den Pferden gibt. Finden Sie heraus, womit sich Ihr Pferd wohl fühlt und suchen Sie die beste Option in Ihrer Umgebung. Eine Paddock-Boxen-Haltung in ruhiger Atmosphäre kann vorteilhafter sein, als eine Haltung mit Koppelgang unter 24 Stunden Hochspannungsmasten. Stroh als Einstreu, Sie ahnen es bereits, kann aufgrund der Herbizidbelastung für HPU-Pferde nicht wirklich empfohlen werden. Einstreu-Alternativen wie Hanf oder Holzspäne sind m.E. besser geeignet. Auch die Fütterung ist individuell. Wenn Sie nicht sicher sind oder Zweifel haben, ob Ihr Pferd das Futter verträgt, so kann man Laboranalysen machen. Das Labor Laboklin z. B. bietet eine Untersuchung

Eine Einstreu aus Hanf-Spänen kann bei HPU-Pferden angebracht sein.

verschiedener Allergene an, dabei können IgE-Antikörperbildung getestet werden, was der Soforttyp-Reaktion entspricht, und die in der Regel klar oder heftig ausfällt, aber auch die des langsameren sog. Spättyps der IgG-Antikörper, die eher Unverträglichkeiten signalisiert, die aber ebenso ernst zu nehmen sind. Beide Analysen werden aus Blut vorgenommen. Auch biophysikalische Testungen sind möglich. Meines Erachtens stimmt dabei das Preis-Leistungs-Verhältnis allerdings nicht. Auch können die Testungen nicht in der Stärke der Reaktion unterscheiden. Von einer generellen getreidefreien Fütterung für HPU-Pferde rate ich ab. Es kommt wirklich ganz auf den Patienten bzw. das Pferd an. Allerdings sollte man bei Zusatz- bzw. Mineralfuttermitteln oder Kraftfutter darauf achten, dass möglichst wenig bis gar kein Kupfer zusätzlich enthalten ist.

Wenn möglich sollten die Pferde auch individuell entwurmt werden. Das ist natürlich bei ganzen Beständen schwierig. Gibt es die Möglichkeit, so sind Kotproben in regelmäßigen Abständen (z. B. alle 2 – 3 Monate)

HPU-Pferde brauchen Liebe und ein individuelles Haltungs- und Fütterungsmanagement.

Gesunde und kernige Pferde bekommt man durch artgerechte Haltung.

durchaus sinnvoll. Es gibt einfach Pferde, die von Würmern weniger stark befallen werden als andere. Das kann auch genetische und immunologische Gründe haben. Was Impfungen betrifft, so können vor allem bereits kranke HPU-Pferde darauf sensibel reagieren. So viel wie nötig, so wenig wie möglich, lautet die Devise. Laut der ständigen Impfkommission STIKO vet für den Veterinärbereich sollten Pferde gegen Tetanus geimpft sein. Zur Turnierteilnahme ist auch eine Influenza-Impfung Pflicht, die alle sechs Monate, im Fall der Wanderritt-Teilnahme alle 12 Monate, erfolgen sollte. Eine Immunisierung gegen equine Herpesviren ist ab dem Jahr 2023 zur Turnierteilnahme Pflicht. Einen Kritikpunkt möchte ich an dieser Stelle als Biologin und Immunologin loswerden.

Nehmen Sie das Beispiel Tetanus. Für Pferde soll die Impfung nach erfolgreicher Immunisierung (was bitte ist denn erfolgreich? Nur wenn die Impfung „erfolgt ist"?) alle zwei bis drei Jahre durchgeführt werden. Beim Menschen gilt ein Impfintervall von 10 Jahren. Abgesehen davon, dass sich Tetanus immer noch im Notfall, also z. B. bei einer frischen Wunde, vakzinieren lässt und das ausreichend ist, um einen Schutz aufzubauen, so ist die einzige Begründung, warum das Impfintervall beim Pferd kürzer ausfällt, die Dauer des Versuchs, den das Pharmaunternehmen angesetzt hat. Also z. B. diese zwei bis drei Jahre. Länger werden aus verschiedenen Gründen die Antikörpertiter nicht geprüft. Das sind in der Regel finanzielle Gründe oder einfach auch, weil man die Meerschweinchen-Käfige für neue Experimente brauchte. Ja, Sie haben richtig gelesen. Man impft sein Pferd nach, weil der Hersteller diese Angabe macht und vertraut darauf, dass das bedeutet, dass der Impfschutz beim Pferd nach 2 – 3 Jahren abnimmt, aber nicht, weil der Versuch da einfach beendet oder die Meerschweinchen euthanasiert wurden. Mich macht so etwas sprachlos. Wir dürfen alle im Kollektiv mehr Fragen stellen und uns auch über solche Praktiken mehr Gedanken machen, um selber überlegen zu können, was wir wollen. Meistens ist das ja das Beste für unsere Tiere.

Impfen nützt, impfen schützt, aber impfen kann auch schaden. Deshalb sollte man solche prophylaktischen Maßnahmen nicht einfach aus „vorauseilendem Gehorsam“ durchführen.

WIE SIEHT ES FÜR TOLLWUT AUS?

Tollwut wird nicht mal erwähnt in der Impfempfehlung. Über eine Grundimmunisierung muss jeder selber entscheiden. Meines Erachtens macht es auf dem Land, wenn die Pferde Tag und Nacht draußen sein können, durchaus Sinn. Die kurzen Nachimpfintervalle allerdings weniger, aus den oben bereits beschriebenen Gründen. Als Biologin und Immunologin empfehle ich, die Impfantwort zu überprüfen und nach Impfung eine Titer-Kontrolle durchzuführen. Erst dann, bei positiven Impf-Titern, können wir von erfolgreicher Impfung sprechen und erst dann können wir auch sicher sein, dass unser Pferd geschützt ist (Labore für Impftiterbestimmung im Serviceteil).

Von der humanen Grippe-Impfung wissen wir, dass sich Influenza-Viren schnell verändern und die Impfung jedes Jahr neu angepasst und hergestellt werden muss. Equine Influenza-Impfstoffe wurden seit Jahrzehnten nicht angepasst. Die Welt der Impfstoffe hat sich in den vergangenen Jahren dennoch rasant geändert. Es werden zunehmend rekombinante Viren eingesetzt, die quasi nur als Vektoren dienen. Z. B. Kanarienpockenviren, die dann im Pferd zur Expression der Influenza-Antigene führen. Was man alles mit einer Impfung neben dem gewünschten Antigen auch noch injiziert bekommt, darüber macht man sich in der Regel wenig Gedanken. Sollten wir aber. Denn alles wird in Zellkultur hergestellt und dort gezüchtet und enthält immer Reste des ursprünglich eingesetzten Materials. Also Hamsterzellen, Kanarienpocken oder Ähnliches. Eine italienische Crowdfunding-Studie konnte zeigen, dass in einem 6-fach Impfstoff aus der Humanmedizin zahlreiche Substanzen wie z. B. Schwermetalle enthalten waren, die auf dem Etikett nicht angegeben waren. Einiges hatte miteinander reagiert und war zum Teil auch verschmolzen. Wissen wir wirklich, dass sowas nicht auch mit anderen Impfstoffen passiert? Der Umgang mit diesen zur Prophylaxe dienlichen Medikamenten ist mir persönlich zu sorglos. Wir sehen in der Praxis doch auch Nebenwirkungen und Folgen davon. Und sind das tatsächlich nur Einzelfälle? Wer untersucht? Wer meldet, wenn es Nebenwirkungen oder Schäden gab? Wann überhaupt ist ein Schaden anerkannt? Die Erfahrung ist, dass die Zahl der Impfnebenwirkungen und Schäden deutlich über dem liegt, was tatsächlich bekannt ist. Selbst wenn Patienten oder Halter zum Arzt oder Tierarzt gehen, so werden die Beschwerden in der Regel abgetan und nicht in Zusammenhang mit der Impfung gesehen. Beschwerden nach Impfung durch einen Tierarzt offiziell melden zu lassen, ist daher eher schwierig.

DIE LABOR-UNTERSUCHUNG
— lesen und verstehen

GROSSES BLUTBILD

Das sog. große Blutbild beinhaltet das rote und weiße Blutbild, die Leberenzyme, Nieren- und Muskelwerte. In der Regel sind Zink, Kupfer und Selen aus dem Serum ebenfalls mit dabei. Mit diesen Werten kann man bereits eine beträchtliche Menge an Informationen bekommen.

Ist das Pferd anämisch und hat zu wenig Erythrozyten, so können MCH, MCV und MCHC, die sog. Erythrozytenindizes, darüber Auskunft geben, ob Eisen, Kupfer oder Vitamin B6, B12 oder Folsäure fehlen. Diese 3 Parameter stehen für die Betrachtung des Hämoglobins des einzelnen oder der gesamten Erythrozyten. MCV steht für mittleres corpuskuläres Erythrozytenvolumen, wie groß also im Durschnitt die Erys sind. Ist es erniedrigt, spricht das in der Regel für kleine Zellen und einen Eisenmangel. Es kann aber auch durch einen Vitamin B6- oder Kupfermangel (eher selten der Fall) bedingt sein. Ist es erhöht, kann das auf einen Vitamin B12 oder Folsäuremangel hinweisen. Das Gleiche gilt in der Regel für das MCV, dabei geht es um das mittlere Volumen eines einzelnen Erythrozyten.

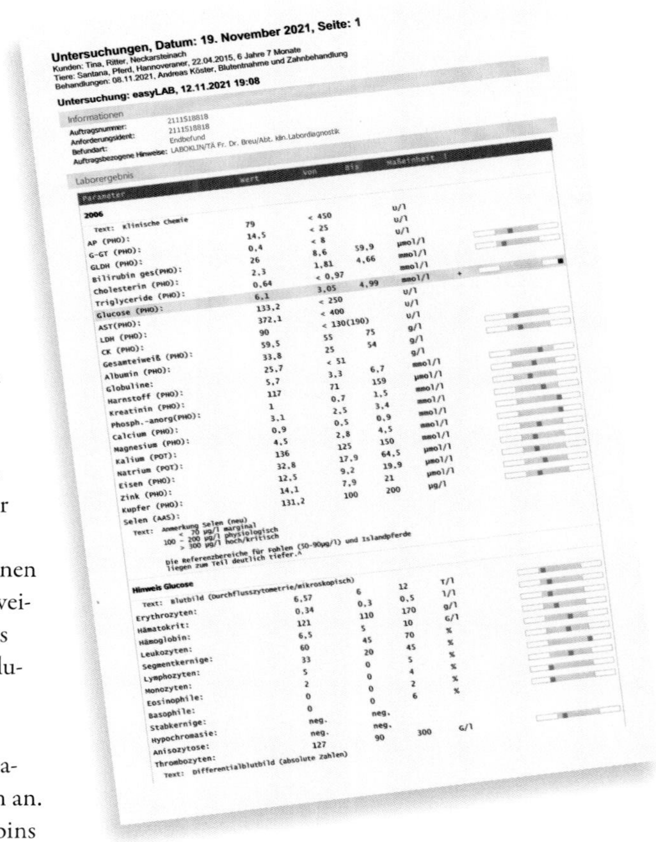

Untersuchungen, Datum: 19. November 2021, Seite: 1
Kunden: Tina, Ritter, Neckarsteinach
Tiere: Santana, Pferd, Hannoveraner, 22.04.2015, 6 Jahre 7 Monate
Behandlungen: 08.11.2021, Andreas Köster, Blutentnahme und Zahnbehandlung

Untersuchung: easyLAB, 12.11.2021 19:08

Informationen
Auftragsnummer: 2111518818
Anforderungsident: 2111518818
Befundart: Endbefund
Auftragsbezogene Hinweise: LABOKLIN/TÄ Fr. Dr. Breu/Abt. klin.Labordiagnostik

Laborergebnis

Parameter	Wert	von	bis	Maßeinheit
2006				
Text: Klinische Chemie	79	< 450		U/l
AP (PHO):	14,5	< 25		U/l
G-GT (PHO):	0,4	< 8		U/l
GLDH (PHO):	26	8,6	59,9	µmol/l
Bilirubin ges(PHO):	2,3	1,81	4,66	mmol/l
Cholesterin (PHO):	0,64	< 0,97		mmol/l
Triglyceride (PHO):	6,1	3,05	4,99	mmol/l
Glucose (PHO):	133,2	< 250		U/l
AST(PHO):	372,1	< 400		U/l
LDH (PHO):	90	< 130(190)		U/l
CK (PHO):	59,5	55	75	g/l
Gesamteiweiß (PHO):	33,8	25	54	g/l
Albumin (PHO):	25,7	< 51		g/l
Globuline:	5,7	3,3	6,7	mmol/l
Harnstoff (PHO):	117	71	159	µmol/l
Kreatinin (PHO):	1	0,7	1,5	mmol/l
Phosph.-anorg(PHO):	3,1	2,5	3,4	mmol/l
Calcium (PHO):	0,9	0,5	0,9	mmol/l
Magnesium (PHO):	4,5	2,8	4,5	mmol/l
Kalium (POT):	136	125	150	mmol/l
Natrium (POT):	32,8	17,9	64,5	µmol/l
Eisen (PHO):	12,5	9,2	19,9	µmol/l
Zink (PHO):	14,1	7,9	21	µmol/l
Kupfer (PHO):	131,2	100	200	µg/l
Selen (AAS):				

Text: Anmerkung Selen (neu)
< 70 µg/l marginal
100 – 200 µg/l physiologisch
> 300 µg/l hoch/kritisch

Die Referenzbereiche für Fohlen (50-90µg/l) und Islandpferde liegen zum Teil deutlich tiefer.^

Parameter	Wert	von	bis	Maßeinheit
Hinweis Glucose				
Text: Blutbild (Durchflusszytometrie/mikroskopisch)	6,57	6	12	T/l
Erythrozyten:	0,34	0,3	0,5	l/l
Hämatokrit:	121	110	170	g/l
Hämoglobin:	6,5	5	10	G/l
Leukozyten:	60	45	70	%
Segmentkernige:	33	20	45	%
Lymphozyten:	5	0	5	%
Monozyten:	2	0	4	%
Eosinophile:	0	0	2	%
Basophile:	0	0	6	%
Stabkernige:	neg.	neg.		
Hypochromasie:	neg.	neg.		
Anisozytose:	127	90	300	G/l
Thrombozyten:				

Text: Differentialblutbild (absolute Zahlen)

Das MCHC gibt die mittlere Konzentration des Hämoglobins der Erythrozyten an. Also wie hoch der Anteil des Hämoglobins an der Eryzthozytenmasse ist. Nicht nur der bekannte Eisenmangel kann zu einer Anämie führen. Auch die B-Vitamine B6, B12 und Folsäure sind wichtig. Sie dienen der Zellreifung. Fehlen sie, können aus den Vorläuferzellen die Erythrozyten nicht ausreichend gebildet werden. Gibt es also Verschiebungen im roten Blutbild in den Parametern MCV, MCH und MCHC lohnt sich ein genauer Blick. In den allermeisten Fällen handelt es sich beim Pferd nicht um einen Eisen- oder Kupfermangel, sondern eher um einen Mangel an den beschriebenen B-Vitaminen.

LEBERWERTE?

Ist der GOT-Wert der Leber erhöht, ist das ebenfalls ein Zeichen für einen Vitamin B6-Mangel, da dieses Leberenzym im Blut dann hoch geht, wenn von diesem B-Vitamin nicht ausreichend zur Entgiftung vorhanden ist. Die anderen Leberwerte gamma GT und GPT zeigen Störungen der Galleproduktion und Sekretion an bzw. die Zerstörung von Leberzellen. Dies kann z. B. im Rahmen einer Vergiftung auftreten.

Ab und an ein Check-up zur Prophylaxe tut jedem Pferd gut.

Bei den Nierenwerten werden die Elektrolyte Natrium, Kalium, Magnesium und Calcium gemessen sowie der Harnstoff und der Kreatininwert. Findet man bei den beiden letzteren Erhöhungen, ist wirklich Vorsicht geboten. Die Nieren sind wichtig und nicht so einfach ersetzbar oder regenerierbar wie die Leber. Störungen der Nierenfunktion resultieren in der Regel auch in Elektrolytverschiebungen. Die Muskelwerte Creatinkinase (CK) und LDH (Laktat-Dehydrogenase) zeigen eine beanspruchte Muskulatur. Im Fall von Training oder Stress ist eine Erhöhung bis zu vier bis sechs Stunden nach dem Ereignis normal. Doch egal wann man schaut, haben viele Pferde regelmäßig Erhöhungen dieser beiden Parameter. Was bedeutet das?

In der chinesischen Medizin weiß man, dass sich der Organkreis Leber in Muskeln, Sehnen, Bändern und Gelenken ausdrückt. Die Abweichungen von Leber- und Muskelwerten, die wir in der Praxis bei Pferden so häufig finden, dass sie schon fast normal erscheinen, können also auch im Rahmen von Mikronährstoffmängeln auftreten, die dazu führen, dass die Leber ihrer Entgiftungsleistung nicht mehr vollständig nachkommen kann oder die Muskulatur übersäuert. Einfachstes Beispiel hierfür ist ein Zinkmangel, den man im großen Blutbild nicht nur anhand des Zinkwerts ablesen kann, sondern auch vom Wert der alkalischen Phosphatase, einem von Zink abhängigen Enzym. Ist die alkalische Phosphatase erniedrigt, weist das auf einen Zinkmangel hin (auch bei noch normalen Zinkwerten). Ist das Enzym erhöht, kann das für einen Manganmangel sprechen.

ZINK UND KUPFER

Besonderes Augenmerk wollen wir auf das Verhältnis von Zink und Kupfer legen. Ist deutlich mehr Kupfer vorhanden als Zink, ist das ungünstig. Wir sprechen hier von z. B. niedrig normalen Zink- und hoch normalen Kupferwerten.

☞ **BLUTBILD** RICHTIG LESEN*

ERYTROZYTEN = rote Blutkörperchen, transportieren Sauerstoff

MCV erniedrigt: Eisenmangel erhöht: Vit. B12/Folsäuremangel
MCH erniedrigt: Vit. B6- oder Kupfermangel erhöht: Vit. B12/Folsäuremangel
MCHC erniedrigt: Eisen- oder Vit. B6-Mangel

LEUKOZYTEN = weiße Blutzellen (Immunsystem)

Werden unterteilt in:
Lymphozyten (bilden Antikörper) → basophile, eosinophile, neutrophile
Granulozyten (unspezifische Abwehr)
Monozyten (Fresszellen räumen auf, unspezifisch)

Eosinophile erhöht: Hinweis auf Allergie oder Parasitose
Monozyten erhöht: chronischer Stress oder chronische Entzündung
Lymphozyten erhöht: bei akutem Infekt
Alkalische Phosphatase erniedrigt: Zink-Mangel? erhöht: Mangan-Mangel?

LEBERENZYME

GOT erhöht: Vit. B6-Mangel?
gammaGT erhöht: Störung der Gallensäuren
GPT erhöht: Leberzellschaden

NIERENWERTE

Harnstoff erhöht: Vit.B6-Mangel, Eiweißbelastung
Kreatinin erhöht: Nierenproblem, Eiweiße werden nicht mehr zurückgehalten

*ohne Anspruch auf Vollständigkeit

Mineralien und Spurenelemente werden im Serum lange gepuffert. Das bedeutet, dass der Körper dafür sorgt, dass immer ausreichend davon im Blut zur Versorgung der Zellen vorhanden ist. Das macht noch keine Aussage über den Zustand IN den Zellen! Werte am unteren Normbereich können dabei bereits auffällig sein und sind im Rahmen der Symptomatik zu interpretieren.

Finden wir im Blutbild Abweichungen von MCV, MCH oder MCHC bei gleichzeitig niedriger alkalischer Phosphatase und ein verschobenes Zink-Kupfer-Verhältnis (also Zink erniedrigt oder niedrig normal bei hoch normalem oder erhöhtem Kupfer) und immer wieder auffälligen Leber- und Muskelwerten, sollte das Pferd auf jeden Fall auf die Stoffwechselstörung HPU mit Hilfe des Urintests getestet werden.

FLORASTATUS – ANALYSE DER KOTPROBE

Bei Durchfall, wiederkehrenden Koliken oder Kotwassersymptomatik ist es durchaus sinnvoll, eine Kotprobe zu sammeln und einen Florastatus durchführen zu lassen. Ich empfehle hierfür das Labor Probios oder das Labor Paradocs.

Wir finden mittlerweile bei den Tieren ebenso wie bei uns Menschen große Abweichungen in unserem Darm-Mikrobiom. Als Mikrobiom wird die Gesamtheit unserer Mitbewohner auf der Haut und den Schleimhäuten bezeichnet. Heute weiß man, dass Mikrobiom Auswirkungen auf unsere Hormone und unser Immunsystem hat. Die Darm-Mikrobiota besteht aus Milliarden von Bakterien, mengenmäßig viel mehr als wir oder das Pferd eigene Körperzellen besitzen. Es gibt auch unfassbar viele verschiedene Stämme. Wir sind erst ganz am Anfang davon zu begreifen, wie wichtig ein gesundes Mikrobiom ist und was eine stabile Mikrobiota alles für uns tun kann. Aktuell ist es nicht möglich, alle verschiedenen Bakterienarten aus dem Kot z. B. im Labor anzuzüchten. Das gelingt nur mit einem Bruchteil. Das müssen wir bei einer Interpretation der Ergebnisse und auch bei der Therapie beachten. Aber das, was wir machen können, ist spannend und wenn der Nachweis von Fäulniskeimen gelingt, dann kann das ein extrem wichtiger Hinweis zur Weichenstellung in Richtung Gesundheit sein. Durch das überall in unserer Umwelt vorkommende Glyphosat und andere Chemikalien wird unser Mikrobiom und das unserer Pferde und Tiere allgemein in eine ungünstige Richtung gelenkt. Fäulniskeime und Toxinbildner können überwuchern und die Schleimhäute schädigen. Allergien und Histaminprobleme sind noch die kleinsten Anfälligkeiten, die daraus entstehen können. Nicht alles, was im Darm in Schieflage ist, muss dort auch Symptome verursachen. Denken Sie nur daran, Sie würden auf allen Vieren laufen und der Bauch würde weh tun. Dann sollen Sie noch etwas Schweres durch die Gegend tragen und dabei schwungvoll die Beine schmeißen. Das geht dann einfach gar nicht. Wenn der Bauch schmerzhaft angespannt ist, kann der Rücken nicht frei tragen. Das Labor Probios bietet nach erfolgter Darmflora-Analyse in Kooperation mit einer Apotheke eine auf das Pferd zugeschnittene Symbionten-Mischung an.

Ein Irrglaube ist, dass Probiotika, also solche Symbiontenmischungen, aktiv die Schleimhaut besiedeln. Man kann sich den Effekt jedoch so vorstellen: Es sind gut zahlende Touristen, die gute Devisen da lassen. Was bedeutet das? Auch tote Bakterientrümmer einer speziellen Sorte beeinflussen die angesiedelten Bakterien des Darms. Bei uns Menschen sehen wir das mit Hilfe der Zelllysate, die wir einsetzen. Es sind abgetötete Zellfragmente der Spezies XY, die sich positiv auf die XY Flora des Darms bei Einnahme auswirken. Wir wissen sehr wenig, das ist wahr. Und doch haben Probiotika (lebende Bakterienstämme) und auch Präbiotika (Futter für Bakterien) gute Effekte auf die Darmflora. Auch bei den Pferden. Natürlich kann sich die Darmflora alleine durch das Thema Fütterung ändern. Es macht einen Unterschied, ob Getreide und wieviel davon gefüttert wird und Stroh

Für eine Haaranalyse entnimmt man einige Haare aus dem Schweif.

und Heu oder nur Heu oder Heulage oder Gras. Die Fütterung und auch ihre Qualität lenken das Mikrobiom.
Kotproben auf Parasiten analysieren zu lassen, kann extrem hilfreich sein, um selektiv und nicht unnötig zu entwurmen. Da Parasiten die Allergiebereitschaft und den Histaminausstoß erhöhen, können auch allergische Symptome bei Parasitenbefall deutlich stärker ausfallen.

GLYPHOSAT IM URIN

Es besteht der dringende Verdacht, dass die Pferde ebenso wie alle anderen Tiere unter einer Glyphosat-Belastung leiden. Prof. Dr. Schusser konnte Glyphosat in der Duodenalflüssigkeit (Flüssigkeit im Dünndarm) bei Pferden nachweisen, die wegen Schleimhautproblemen des Magens gastroskopiert worden waren. Gesunde Pferde wurden noch nicht untersucht. Und Forschungsgelder werden bedauerlicherweise nicht zur Verfügung gestellt. Dabei sollte die Allgemeinheit und auch Verbände ein starkes Interesse an solchen Forschungen haben. Allerdings meinen wir als Menschheit keine Alternative zu Glyphosat und Herbiziden zu besitzen. Dabei schaffen wir damit völlig neue Probleme und wollen es nicht sehen. Pferde mit Verdauungsproblemen, Stoffwechselproblemen und Allergien oder Infektanfälligkeit können und sollten untersucht werden. Das Medizinische Labor Bremen führt diese Untersuchung durch und ist aktuell das einzige Labor, das diesen Test für Tiere anbietet (Stand 2023).

HAARMINERAL-ANALYSE (HMA)

Mithilfe einer Haarmineralanalyse lässt sich der Versorgungsstand der vergangenen Monate mit den verschiedenen Mineralien und Spurenelementen des Pferdes sehen. Anders verhält es sich z. B. mit den Werten, die aus dem Blut gewonnen werden. Blutwerte sind tatsächlich Moment-Werte. Also gerade zum Zeitpunkt der Blutentnahme. In den Haaren oder dem Fell können wir ca. 3 Monate in die „Vergangenheit schauen“ und sehen, wie die Versorgung insgesamt war. Dafür macht die HMA keine Aussage über die aktuelle, quasi tagesaktuelle Versorgung.

Welche Elemente werden in einer HMA getestet?

Natrium, Kalium, Calcium, Magnesium, Kupfer, Zink, Eisen, Mangan, Chrom, Selen, Schwefel. Dabei können auch schädliche Metalle untersucht werden wie z. B. Aluminium, Arsen, Cadmium, Blei, Quecksilber, Zinn, Nickel. Das Labor Microtrace.de führt solche Analysen durch.

MODERNE ERKRANKUNGEN DES PFERDES —*Stoffwechsel-Therapie*

EQUINES METABOLISCHES SYNDROM (EMS)

Dicke Pferde sind heutzutage keine Seltenheit mehr. Das Equine Metabolische Syndrom ist gekennzeichnet von Übergewicht mit der Gefahr der Insulinresistenz und der Hufrehe. Insulinresistenz bedeutet soviel wie Diabetes, also Zuckerkrankheit.

Durch zu große und häufige Futteraufnahme steigt der Blutzuckerspiegel dauerhaft an, da die Zellen immer mehr abstumpfen und auf das Zuckersenkungssignal Insulin immer weniger reagieren. Das nennt man Insulinresistenz. Steigt der Blutzucker in gefährliche Höhen, kann das den Stoffwechsel belasten und zu Übersäuerung und auch Gefäßengstellung führen. Bildlich gesprochen könnte man auch sagen, das Blut wird dicker, visköser. Die Fließeigenschaften des Blutes verändern sich und können im schlimmsten Fall zur Hufrehe führen. Dass ein Pferd dick ist, sieht man an dem Speck auf den Rippen, an dem massiven Hals und einer Verdickung des Mähnenkamms und auch an Fettpolstern auf der Kruppe. Bei EMS werden gerade auch die unphysiologischen Fettpolster betont. Also an Stellen, wo man normalerweise nicht so einfach verfettet. Beim Pferd gut sichtbar am Mähnenkamm und der Kruppe und am Schweifansatz. An einem dicken Pferd ist immer der Halter schuld. Er füttert zu viel und das Falsche. Das ist sonnenklar. Außerdem hat das Pferd zu wenig Bewegung. All das ist richtig, aber vielleicht auch nicht die ganze Wahrheit. Ich bin immer dafür, dass man ein Problem auf allen Ebenen untersucht, um möglichst auf allen Ebenen auch Ansätze zur Behandlung zu verfolgen.

Wie bei Menschen auch birgt Übergewicht ein höheres Risiko für Erkrankungen.

FALLBEISPIEL HANNOVERANER STUTE SANTANA

Ich will Ihnen gerne die Geschichte meiner damals 3-jährigen Hannoveraner Stute erzählen. Santana stand noch auf der Fohlenweide mit 11 anderen Stuten, Zwei- und Dreijährigen, zusammen. Sie ist ein extrem neugieriges und selbstbewusstes Pferd. Wenn z. B. Kinder mit ferngesteuerten kleinen Autos an der Koppel spielten und alle Pferde hysterisch wegrannten, rannte Santana hin, um sich das anzuschauen. Sie fühlt sich wohl auf der Weide und in der Gruppe. Innerhalb von zwei Wochen verfettete Santana plötzlich. Man kann sagen, plötzlich. Denn es kam gewaltig und eben innerhalb eines kurzen Zeitraums. Und plötzlich lief sie auch wie auf Eiern. Wir bekamen die Diagnose EMS und leichte Hufrehe, damals mit drei Jahren. Die Meinung der Tierärzte: Santana ist viel zu fett, sie muss abnehmen. Die Hufrehe kommt daher. Mir reichte das nicht und ehrlich gesagt, wundere ich mich heute noch, dass ein solcher Fall bei keinem Behandler Fragen aufwirft. Was war denn da los? EMS auf der Fohlenkoppel? Nur vom Gras? Mit drei Jahren?

Ich ließ Blut abnehmen und was sich zeigte, waren zu niedrige Schilddrüsenwerte und ein zu niedriger Cortisolwert. Ich telefonierte sogar mit der Universität Gießen. Nein, eine Schilddrüsenunterfunktion beim Pferd gibt es nicht wirklich. Dafür waren die Werte noch zu gut. Zu gut?? Es war zum Haareraufen. Nirgendwo bekam ich Antworten. Ich untersuchte das Gras und die Grassaat auf Endophyten, schickte Proben in die Schweiz und die USA. Nichts. Keine Belastung im Gras. Alle anderen Pferde waren rank und schlank. Santana zeigte aber noch eine Auffälligkeit: Ihre Nierenwerte waren am Anschlag. Das war gar nicht gut. Und durch nichts zu erklären. Außer: Die Koppel war umgeben von Äckern. Da wurde Mais und Getreide in unmittelbarer

Santana auf der Fohlenweide mit deutlichem Übergewicht, an EMS erkrankt.

Nähe angebaut. Es gibt genug Hinweise auf die nierenschädigende Wirkung verschiedener Herbizide und ihre fatale Wirkung als sog. endokrine Disruptoren. Das bedeutet, dass eine solche Substanz die Hormone von Schilddrüse und Nebenniere nicht u. U. blockieren kann, sondern dies wirklich tut. Und dass diese hormonellen Stoffwechselabläufe massiv gestört werden. Müssten dann nicht alle Pferde geschädigt sein, fragen Sie sich? Es kommt immer auf die Menge an Gift an, die ein Körper abbekommt und auf seine individuelle Entgiftungsfähigkeit. Erinnern Sie sich? Das haben wir in der Einleitung besprochen. Eine Möglichkeit, um ein schlechter Entgifter zu sein, ist die Stoffwechselstörung HPU. Santana hat nur zu viel gefressen?? Und zu wenig Bewegung gehabt? Sie hat sicherlich nur eine genetische Vorbelastung werden Sie denken ... ja bestimmt. Die Qualität meiner Fragen entscheidet über die Qualität meiner Antworten. Wenn wir uns immer nur das Gleiche erzählen, werden wir nicht schlauer. Wenn wir also das Thema EMS nur mit einem Missmanagement der Haltung zusammenbringen, können wir den Pferden nicht ursächlich helfen. Hier läuft etwas schief. Und Santana hat es mir nur zu einem sehr frühen Zeitpunkt ihrer Geschichte gezeigt.

Keine Sorge. Santana geht es gut. Sie ist heute 7 Jahre alt. Natürlich achte ich auf die Fütterung, und dass sie genügend Bewegung bekommt. Ich achte aber auch darauf, dass sie ausreichend Nährstoffe und Mikronährstoffe bekommt. Sie bekommt eine Unterstützung für die Schilddrüse und für die Nebenniere und die Nierenwerte behalten wir im Blick. Und wir halten Abstand, großen Abstand zu möglichen mit Herbizid belasteten Flächen und Futtermitteln. Was kann man also als Halter eines EMS-Pferdes tun? In der Fütterung kann und sollte man auf Getreide verzichten. Nicht nur, weil es viele Kalorien enthält, sondern auch weil es eben oft mit Herbiziden belastet ist und wir

Santana heute im Alter von sieben Jahren.

den Stoffwechsel nicht noch mehr irritieren wollen. Wir sollten auf Substanzen verzichten, die die Schilddrüse bremsen wie z. B. Hirse, Raps oder Soja. Natürlich ist Bewegung super wichtig. Sport tut so viel für uns. Der Stoffwechsel wird angeregt, Säuren abzubauen, das Gewebe wird mit Sauerstoff versorgt, die Leber trainiert und so viel mehr.

Ponies neigen von ihrer Veranlagung her zu schnellerem Verfetten als Großpferde.

WELCHE LABOR-ANALYSEN BEI EMS

Die einfachsten Tests sind der Nüchtern-Blutzucker und Insulintest. Fruktosamin ist ein Blutwert, der zeigen kann, ob der Blutzuckerhaushalt noch normal läuft, oder ob sich das Pferd bereits auf dem Weg zur Diabetes befindet. Natürlich kann man auch teurere Untersuchungen durchführen wie der Glucose-Toleranztest oder der kombinierte Glucose-Insulin-Test. Beim letztgenannten Test wird dem Pferd Glucose intravenös verabreicht und auch anschließend Insulin und der daraus resultierende Blutzuckerabfall gemessen. Nach 45 Minuten sollte dieser wieder normale Werte aufweisen. Tut er das nicht, reagiert das Pferd auf Insulin nicht mehr ausreichend sensitiv und hat eine sog. Insulinresistenz entwickelt und damit Diabetes.

Aus Stoffwechselsicht ist es auch sinnvoll,

— die Schilddrüsenwerte (TSH, T4 und T3) zu bestimmen
— sowie Cortisol.
— Auch eine Urinprobe auf eine mögliche Glyphosatbelastung wäre wichtig
— und auf die Stoffwechselstörung HPU.

WAS TUN BEI EMS?

Ja klar, bewegen Sie Ihr Pferd! Schaffen Sie Fresspausen. Limitieren Sie den Zugang zu Heu oder Gras etc., füttern Sie getreidefrei. Verzichten Sie auf Schilddrüsenbremser wie oben beschrieben und achten Sie auf die Menge. Viel wichtiger, als das Pferd verhungern zu lassen, ist aber die Versorgung mit ausreichend Mineralstoffen, Vitaminen und Spurenelementen. Da Kupfer oxidativen Stress und damit eine Entzündungsbereitschaft fördert und darüber hinaus noch ausreichend in Heu und Gras enthalten ist, empfehle ich die Verwendung eines kupferfreien Mineralfutters. Beim Diabetes geht einiges an Mikronährstoffen auch über den Urin verloren. Magnesium, Zink und die

B-Vitamine sind besonders wichtig. Sie sorgen dafür, dass der Blutzucker in den sog. Citratzyklus eingeschleust werden kann und dabei Energie produziert. Bei einem Mangel kann das nicht mehr ausreichend stattfinden. Es kommt stattdessen zur vermehrten Bildung von Säure und Gärung. Das tut dem Stoffwechsel nicht gut und verschärft die Schieflage.
Ist HPU die Ursache des EMS, ergänzen Sie mit Zink in bioverfügbarer organischer Form wie z. B. Zinkglukonat oder Zinkbisglycinat und einem hoch dosierten B-Komplex bzw. Vitamin B6. Zum Ausgleich der Stoffwechselstörung HPU habe ich das Lillipyrrol® entwickelt und als Mineralfutter das kupferfreie Abendmineral. VitaComplex und VitaMineral (St. Hippolyt) wären Alternativen.
Bei bestehender oder bekannter Glyphosatbelastung wird die Aminosäure Glycin in die Fütterung integriert, da Glyphosat diesen Eiweißbaustein im Stoffwechsel verdrängt. Durch ein Überangebot kann dem entgegengewirkt werden. Noch besser ist Dimethylglycin, was gleichzeitig die Leber unterstützt und Methylgruppen liefert (ca. 300 mg täglich). Zur Ausleitung benutzt man Mumjio/Shilajit, eine Mischung aus Fulvin- und Huminsäuren zum Binden von Glyphosat, z. B. zwei bis vier Gramm täglich.

WICHTIG:
BEI EMS BITTE MEIDEN!
Schilddrüsen-Bremser verlangsamen den Stoffwechsel, deshalb sollte man diese bei Übergewicht meiden:
Soja, Raps, Hirse, Mais.
Diese Futtermittel können entweder die Jodaufnahme in die Schilddrüse hemmen oder konkurrieren mit den Transport- und Bindungsproteinen, sodass Schilddrüsenhormone ungenutzt verloren gehen.

ERGÄNZENDE KRÄUTER BEI EMS

— Die Artischocke hat bluttfett- und blutzuckersenkende Eigenschaften.
— Mariendistel wirkt sich ebenfalls günstig nicht nur auf die Gallensäureproduktion und damit Entgiftung, sondern auch auf erhöhte Blutzuckerwerte aus.
— Bei Zimt ist sich die wissenschaftliche Literatur nicht ganz einig.
— Curcuma ist nicht nur antientzündlich, sondern ebenfalls gut bei Neigung zu Übergewicht.
— Bockshornklee wirkt antidiabetisch durch eine spezielle Aminosäure.

Für EMS-Pferde gibt es spezielle Kräutermischungen.

Eines der von der Autorin entwickelten Ergänzungsfuttermittel für EMS-Pferde

CUSHING

Als Equines Cushing Syndrom (ECS) wird eine Erkrankung bezeichnet, die beim Pferd mit vermehrter Fellbildung, Muskelabbau und erhöhtem ACTH-Wert im Blut einhergeht. Betroffenen Pferden wird dann lebenslang das Medikament Pergolid verordnet.

Pergolid ist ein Dopamin-Agonist und Wirkstoff aus der Humanmedizin. Gefährliche Begleiterscheinung des Cushing Syndroms ist Diabetes durch den permanent erhöhten Cortisolspiegel und als Folge daraus kann die gefürchtete Hufrehe entstehen. Eigentlich galt ECS als Erkrankung älterer Pferde. Zunehmend werden aber auch immer jüngere Pferde damit diagnostiziert. Ein Tumor der Hypophyse, der Hirnanhangdrüse, wird als Ursache angegeben. Dumm nur, dass man das erst nach dem Tod und erfolgter Obduktion wirklich rausfinden kann. Es bleibt also eine Verdachtsdiagnose. Wäre ein Stoffwechselproblem nicht sehr viel plausibler? Pergolide wirken, indem sie an Dopamin-Rezeptoren im Gehirn binden.
Ich würde Sie gerne auf eine kleine gedankliche Reise in die Welt der Neurotransmitter und Hormone mitnehmen. Auf geht's!
Bei uns Säugetieren gibt es im Stoffwechsel eine sog. Dopamin-Prolaktin-Wippe. Das Wort Wippe soll andeuten, dass wenn der eine Wert oben ist, der andere tief liegt und andersrum. Ist Dopamin also hoch, ist Prolaktin niedrig. Ist Prolaktin hoch, ist Dopamin niedrig.
Prolaktin wird vermehrt bei einem kombinierten Mangel an Zink und Vitamin B6 gebildet. Mangan ist wichtig zur Bildung von Dopamin. Ein Manganmangel führt deshalb auch zu einem Mangel an Dopamin. Wissen Sie noch, in welchem Zusammen-

01

hang wir uns diese drei Mikronährstoffe angeschaut haben? Genau, bei der Stoffwechselstörung HPU. Betroffene Pferde haben einen Mangel an diesen 3 wichtigen Nutrienten. Diese Mängel könnten also quasi eine Grundvoraussetzung dafür sein, dass der Körper mit der Prolaktinsynthese immer höher geht, sich das angefragte Gewebe zur Herstellung vielleicht sogar vergrößert, um die „Nachfrage" zu bedienen. Ein Prolaktinom, also ein gutartiger Tumor der Hypophyse, der Prolaktin bildet, kommt bei HPUlern überdurchschnittlich häufig vor. Nun werden auch HPU-Pferde in der Regel mit Kupfer gut versorgt, weil die Toxizität von Kupfer für diese Pferdegruppe noch völlig unterschätzt wird. Kupfer erhöht nicht nur den oxidativen Stress im Körper und damit die Entzündungsbereitschaft, sondern aktiviert auch die Stressachse. Hohe Cortisol-Spiegel und eine erhöhte Stressbereitschaft sind die Folge.

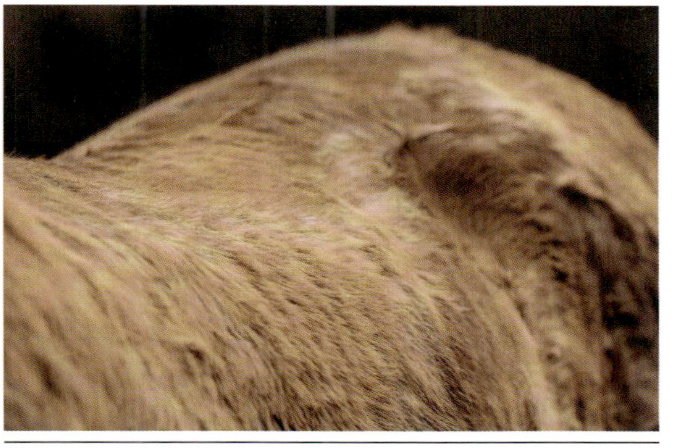

02

02

01 Ein an ECS erkranktes Pferd mit typischem Erscheinungsbild:

02 Längeres Fell und schlechte Bemuskelung.

03 Das Pferd wirkt älter als es ist.

Reine Weidehaltung kann das ECS-Risiko erhöhen.

Cushing als Spätform von Fütterungsmängeln hinzustellen, sehe ich als wenig zielführend an, ebenso wie die Behauptung, es sei alles auf einen Tumor zurückzuführen. Eine gutartige Vergrößerung eines endokrinen (hormonherstellenden) Gewebes muss kein Tumor im Sinne einer Entartung darstellen, sondern kann auch einfach aufgrund einer erhöhten Nachfrage oder Stoffwechselschieflage entstehen. Denken Sie an die Schilddrüse. Fehlen dem Körper Schilddrüsenhormone, so wird die Schilddrüse aufgefordert, mehr zu produzieren. Dazu braucht sie aber bestimmte Mikronährstoffe, allen voran z. B. Jod. Fehlt Jod und die Schilddrüse kommt mit der Produktion nicht nach, so kann es zur Kropfbildung kommen. Eine gutartige Vergrößerung.

Mein Vergleich hinkt natürlich etwas. Denn wird in dem Fall Jod gegeben, wird die Schilddrüse auch wieder kleiner. Geben wir B-Vitamine und Zink, Mangan, geht es

Cushing-Pferden zwar besser, aber die Symptomatik verschwindet nicht vollständig. Wobei wir aktuell auch noch zu wenig wissen, was die Behandlung betrifft. Eine solche Stoffwechselschieflage therapiert man nicht in Tagen oder Wochen, sondern eher im Bereich von Monaten und Jahren.
Was wir aber sehen ist z. B., dass die Pferde ohne Mikronährstofftherapie konsequent schlechter werden und immer größere Mengen Pergolid brauchen. Zum Schluss wirken auch die größten Mengen nicht mehr und der Körper stumpft vollständig gegen das Medikament ab, und die ACTH-Spiegel bleiben auch unter der Einnahme erhöht. Hier können wir die Ansprechraten auf das Pergolid deutlich alleine mit den geeigneten orthomolekularen Substanzen verbessern.
Das Herbizid Glyphosat bindet Mangan, sodass es in der Pflanze weniger zur Verfügung steht. Zwar nicht ein Mangel, so doch eine Störung im Manganhaushalt wird mit der Entstehung von Parkinson in Verbindung gebracht. Und von einem Element muss es nicht überall gleich viel in den Geweben geben. Möglich ist auch „Berg" und „Tal" in ein und dem gleichen Individuum. Also können zum Beispiel Leber und Gehirn viel eines bestimmten Elements aufweisen, wir wissen das explizit von Kupfer, und dabei im Blut aber zum Beispiel einen Mangel sehen. Zurück zum Thema Glyphosat: Was wir bei betroffenen Pferden sehen, ist eine deutliche Verschlechterung, wenn sie auf Stroh stehen und eine deutliche Verbesserung, wenn auf andere Arten von Einstreu umgestellt wird.
Folgen wir nochmal dem Gedanken der Prolaktin-Dopamin-Wippe, so versuchen betroffene Pferde unter Umständen mit einer Erhöhung des Cortisol-Spiegels den Dopaminwert zu erhöhen um dem Prolaktinwert entgegenzuwirken. Sie versuchen also gegenzuregulieren, indem der Stoffwechsel an einer anderen Stelle hochreguliert wird. Cushing ist dann die Folge des erhöhten Cortisolspiegels. Dieser wäre aber dann aber nur sekundär.

LABORANALYSEN BEI ECS

Neben der Bestimmung des ACTH-Werts ist auch hier der Blutzucker- und der Insulinwert wichtig, um zu wissen, wo man im Erkrankungsverlauf steht.
Eine Urinuntersuchung auf Glyphosatbelastung ist sinnvoll.
Eine Urinuntersuchung auf die Stoffwechselstörung HPU ist ebenfalls sinnvoll.

WAS TUN BEI ECS?

Neben der schulmedizinischen Therapie ist es sinnvoll, den körpereigenen Dopaminspiegel zu erhöhen. Die afrikanische Juckbohne Mucuna pruriens enthält bis zu 25 % L-Dopa, eine Vorstufe von Dopamin. In Tierstudien konnte ein positiver Einfluss auf den Dopaminspiegel gezeigt werden. Mucuna gibt es als Pulver zu kaufen und wird grammweise verfüttert. Langsam anfangen.
Agnus Castus, der Mönchspfeffer, hat ebenfalls einen dopaminsteigernden Effekt und zeigte ebenfalls einen positiven Effekt zur Behandlung von Equinem Cushing Syndrom durch Senkung des ACTH-Werts. Denken Sie an die Dopamin-Prolaktin-Wippe. Einen synergistischen Effekt gibt es mithilfe von Zink und B-Vitaminen sowie Mangan in der Fütterung (z. B. Lillipyrrol®/ Abendmineral).

Hier werden keine Fliegen verscheucht – der Schimmel ist ein Headshaker.

HEADSHAKING

Als Headshaking beim Pferd wird kontinuierliches oder phasenweise auftretendes Kopfschütteln bezeichnet. Das Schütteln kann vertikal, horizontal oder rotierend sein. Es ist dann krankhaft, wenn es keine Fliegen oder andere Plagegeister verscheuchen will, sondern der Auslöser unklar und unsichtbar bleibt.

Manche Pferde shaken saisonal, also z. B. nur im Sommer oder nur im Winter, andere ganzjährig. Die Veterinärmedizin tappt noch mehr oder weniger im Dunklen. Es gibt keine klare Diagnostik, keine Laborwerte, die man heranziehen könnte und auch keine Behandlung. Eine Schädigung und Schmerzhaftigkeit des Trigeminusnervs sollen ursächlich sein. Wer schon mal Schmerzen an diesem großen Gesichtsnerv hatte, der weiß, dass man dann den Kopf besser gar nicht bewegt. Wieso man den Kopf also wild in der Gegend rumwerfen soll bei einer Trigeminusneuralgie, ist mir persönlich ein Rätsel und macht einfach wenig Sinn.

Erinnern Sie sich an meinen Willum aus der Einleitung? So wie Willum habe ich viele Jahre über 50 Pferde mit Headshaking behandelt. Wir haben die zugrundliegende Stoffwechselstörung HPU eingestellt, wir haben die Pferde entgiftet, wir haben Giftquellen aufgespürt und eliminiert und wir haben neurotrope Viren mit Hilfe von Methylgruppen wieder schlafen gelegt. Das hat bei fast allen Pferden funktioniert. Bei zweien nicht. Da konnten wir klar Allergien z. B. gegen Raps erkennen. Diese lassen sich allerdings auch behandeln.
Für mich gehört Headshaking zum autistischen Formenkreis. Die Pferde sind in ihrer eigenen Welt, haben vielleicht Gefühlsstö-

rungen im Gesichtsbereich, die sie gerne loswerden möchten ... sowas wie Ameisenlaufen? Kribbeln? Viren können alle möglichen Symptome hervorrufen. Das Borna-Virus z. B. auch Verhaltensanomalien. Autistische Kinder sind ängstlich, stresslabil und führen oft stereotype Bewegungen aus, die ihnen Sicherheit vermitteln. Was auch immer es ist. Vielleicht möchte die Forschung diese Gedankengänge aufnehmen und untersuchen. Autisten sind hochgradig allergisch auf viele Stoffe, vertragen viele Nahrungsmittel nicht, haben oft einen chronisch entzündeten Darm und können viele Schwermetalle und Toxine nicht adäquat entgiften. Ich sehe viele Parallelen zu unseren Pferden. Und vor allem funktioniert die Behandlung ebenso. Wenn Sie einen Headshaker haben, gehen Sie vor wie ein Detektiv. Wann kamen die ersten Symptome? In welchem Stall? Nach welchem Umstand (z. B. Impfung, Medikamente, Stress)? Können Sie Auslöser identifizieren? Bestimmtes Futter, Heu, Wetter?

LABORANALYSEN BEI HS

- Machen Sie einen HPU-Test (Labor www.keac.nl)
- Machen Sie einen Test auf Borna-Virus (Labor www.dedimed.com)
- u. U. kann auch das Aminosäure-Profil des Labor Keac zielführend sein, da es noch tiefer in die Stoffwechselabläufe blicken lässt.

WAS TUN BEI HS

Stellen Sie das Futter auf möglichst naturnah und kupferfrei um. Weizen, Hafer, Soja und Gerste gehen in der Regel gar nicht. Dinkel kann, muss aber nicht. Reis enthält in der Regel viel Aluminium und Arsen. Damit kommen wir bei solch sensiblen Pferden nicht weiter. Wenn Sie das

Betroffene Pferde wirken oft in sich gekehrt und traurig.

Gefühl haben, keine Alternativen zu haben, mischen Sie das Futter selber. Nehmen Sie Heucobs plus etwas Mais z. B. oder eine Handvoll Dinkelflocken. Stellen Sie das Pferd auf Späne. Stroh sollte aufgrund des Herbizidgehalts tabu sein. Bio-Stroh muss goldgelb sein. Leichte Grau-Verfärbung deutet auf Schimmelbefall hin.
Es tut mir leid. Ich habe das alles nicht erfunden. Ich kann nur für die Gifte in unserer Umwelt sensibilisieren, und dass eben nicht alle Pferde das einfach so wegstecken, wenn sie derlei ausgesetzt sind.
Achten Sie im Herbst auf Ahorn, Eicheln, Giftpflanzen auf der Weide. Wenn Sie einen saisonalen Headshaker haben und dieser immer im Herbst anfängt, suchen Sie nach diesen Pflanzen und Einflüssen und holen Sie das Pferd frühzeitig von der Weide. Wenn Weidegang HS auslöst, dann ist die Weidehaltung – so toll und artgerecht sie ist – nicht die richtige Haltung für dieses Pferd. Suchen Sie ebenso im Frühjahr und Sommer, wenn das die schlechte Jahreszeit ist. Manch ein Pferd reagiert allergisch auf das permethrinhaltige Fliegenspray (Permethrin bleibt ein Gift, aber Gift plus Allergie

potenziert sich ins Unermessliche) oder auf das Rapsfeld nebenan.
Headshaker reagieren sensibel auf Gifte in der Umwelt. Das können auch Pilz- oder Schimmelgifte sein. Manches kann auch ein Allergie-Screening aufdecken.

IMPFEN BEI HEADSHAKING?

Headshaking ist keine kleine Erkrankung und selbst in einen Schnupfen würden Sie nicht reinimpfen. Warum man das bei HSlern tut, ist mir nicht nur ein Rätsel, ich finde es auch grob fahrlässig. In jedem Beipackzettel einer Impfung steht, dass ausschließlich gesunde Pferde geimpft werden dürfen. Und machen Sie nicht den Fehler und impfen in einer symptomfreien Zeit. Ein Headshaker ist dann geheilt, wenn er symptomfrei einmal durch alle Jahreszeiten gegangen ist. Vorher wissen Sie es einfach nicht. Wieviel Quecksilber und Aluminium wir mit den Impfungen in die Pferde bringen, hat, denke ich, noch nie jemand ausgerechnet. Es ist ja auch sehr abhängig davon, wieviel und was Sie impfen. Die Impfung ist für Ihren Headshaker keine Kleinigkeit. Die Pferde werden besser und die Therapien schlagen an, wenn Sie nicht möglichst wenig impfen, sondern wenn sie gar nicht mehr impfen. Ich habe schon so viele HSler nach Impfung schlechter werden sehen, dass man das nicht als Lappalie oder prophylaktische Maßnahme ohne Nebenwirkungen abtun kann.

ENTGIFTUNG

Die Süßwasseralge Chlorella bindet Schwermetalle effektiv im Darm und leitet sie aus. Es ist immer meine erste Wahl in der Therapie der HSler. Auch weil sie das Immunsystem moduliert und eine leichte Allergie

Stress kann ein Auslöser für Headshaking sein.

Befindet sich der Auslauf unter Stromleitungen, sollte für das Headshaker-Pferd eine Haltungsalternative gesucht werden.

bereits balanciert. Herbizide und Glyphosat werden von Moor gebunden, noch besser Mumjio/Shilajit (eine Mischung aus Humin-und Fulvinsäuren).

BORNA-VIRUS-BEHANDLUNG BEI HS

Stark antiviral gegen Borna-Virus ist das verschreibungspflichtige Medikament Amantadin. Allerdings in der Pferdedosierung nicht ganz billig und muss über einen sehr langen Zeitraum gegeben werden. Alkoholischer Extrakt aus Melisse, Bockshornklee und Koriander wirken sanfter, aber sind ebenso antiviral und gut verträglich fürs Pferd. Die Dosierung ist immer zwei- bis dreimal über der humanen Dosierung, in diesem Fall also z. B. dreimal 30 Tropfen für ein mittelgroßes Pferd (ca. 500 kg). Um aktive DNA-Viren wieder zu inaktivieren, quasi schlafen zu legen, braucht man Methylgruppen. Das ist eine biochemische Währung, wenn Sie so wollen. Mithilfe von Methylgruppen lässt sich die DNA verschließen, sodass der nachfolgende Strang nicht abgelesen wird. Viren sind dann zwar noch integriert, „schlafen" aber und richten keinen Schaden an. Stress und ein Mangel an Methylgruppen kann sie reaktivieren. Methylgruppen finden wir in dem Nahrungsergänzungsmittel Methylcobalamin (eine aktive Form von Vitamin B12) und S-Adenosyl-Methionin (SAM). Diese bezieht man als Nahrungsergänzungsmittel aus dem Humanbereich.
Eine gute Dosierung für Methylcobalamin wären mind. 2000 mcg pro Tag, gerne mehr, z. B. 5000 mcg. Vom SAM 400 mg täglich. Dazu passt die aktive Form von Vitamin B6 (kurz P5P) mit 100 mg pro Tag. Hersteller oder Bezugsadressen finden Sie im Anhang.

DIE NEBENNIERE STÄRKEN

Headshaker sind extrem gestresst. Ob es nun Schmerz ist oder Unwohlsein oder Angst und Unsicherheit, sie reagieren positiv auf Entspannung. Was auch immer Entspannung fördert, den Stress rausnimmt und Regeneration zulässt, ist hilfreich.
Das kann ein Stallwechsel sein, weg von Strommasten oder der Wechsel der Haltungsform, worauf auch immer das Pferd negativ oder positiv reagiert, sollte der Halter merken und das Pferd bestmöglich unterstützen wollen. In der Pflanzenheilkunde gibt es sog. Adaptogene, das sind stressmildernde Pflanzen, die die Nebenniere stärken. Dazu zählen Süßholzwurzel, Ashwaganda und Ginseng. Auch hier erfolgt die Dosierung im Grammbereich. Man startet mit 1 Gramm/100 kg und steigert, falls keine Besserung eintritt, nach ca. 14 Tagen z. B. auf 3 Gramm/100 kg Körpergewicht oder reduziert bei Besserung.

ALLERGIEN

Allergien nehmen seit Jahren und Jahrzehnten stetig zu. Wussten Sie, dass sich der Pollen der Pflanzen durch die industriellen Abgase und auch die Autoabgase geändert hat? Die Oberflächenstruktur ist anders. Das kann man unter sehr starken Elektronenrastermikroskopen sehen.

Man nimmt an, dass diese Veränderung allergenisierend wirkt, also leichter zur Allergiebildung führt. Schon wieder Umweltgifte. Genau, das ist so. Auf allen Ebenen und so klein, dass wir sie eben mit dem bloßen Auge nicht erkennen. Aber nur, weil man sie nicht sehen kann, heißt das nicht, dass sie nicht da sind und zu massiven Änderungen führen.

All das hat Auswirkungen auf unseren Körper. Schon wieder kann man allerdings fragen, warum der eine Allergien bekommt und ein anderer nicht. Es muss also auch noch eine Allergiebereitschaft in unserem Körper geben.

Auch das ist richtig. Wir werden gleich sehen, welche Zusammenhänge es da gibt. Doch fangen wir mit den einfachsten an. So kann z. B. ein Calciummangel zu einer heftigen allergischen Reaktion führen. Calcium ist wichtig, um unseren Botenstoff Histamin zu senken. Histamin wird bei einer allergischen Reaktion aus den Mastzellen ausgeschüttet. In unserem Körper finden dauernd, zu jeder Millisekunde hunderte von biochemischen und biophysikalischen Reaktionen statt. Es ist alles fein aufeinander abgestimmt. Eine Reaktion erzeugt eine Gegenreaktion. Histamin ist nicht nur da, um eine Allergie auszulösen oder zu vermitteln. Das wäre die große Welle. Eigentlich ist Histamin ein Botenstoff, mit dem permanent kommuniziert wird. Seine Regulation ist also sehr wichtig und auch sehr fein. So kann eben ein Mangel an Calcium dazu führen, dass aus einer Kommunikationswelle eine große, fast unkontrollierbare Welle wird. Es gibt verschiedene Gründe für einen Calciummangel. Bei Frauen wäre der einfachste die nachlassende Östrogenproduktion im Alter. Manch einer nimmt

nach einer Darmoperation nicht mehr so viele Elektrolyte auf. Natürlich kann es auch ein Ernährungs- bzw. bei unseren Pferden ein Fütterungsmangel sein. Ob ein Calciummangel vorliegt, lässt sich durch eine Blutanalyse feststellen. Da Calcium mengenmäßig ungefähr gleich in Zellen und Plasma vorkommt, sind auch Serumanalysen in diesem Fall aussagekräftig. Oder auch eine Haarmineralanalyse, die die Versorgung der vergangenen drei Monate zeigt.

WAS ALLERGIE BEIM PFERD BEDEUTET

- IgE vermittelte Sofort-Typ-Reaktion
- Mastzellaktivierung (Histamin-Problem)
- TH2-Dominanz

Histamin ist ein kleines Molekül, das von Mastzellen gebildet und auf bestimmte Signale hin ausgeschüttet wird. Innerhalb bestimmter Parameter ist der Histaminspiegel normal. Bei manchen liegt er generell über dem Referenzbereich, dann spricht man von einer Histadelie, einem generell zu hohen Histaminspiegel, der Histaminsymptome, also auch Allergiesymptome hervorrufen kann. Doch es gibt auch Enzyme, die Histamin schnell abbauen können. Diese Enzyme brauchen in der Regel viel Kupfer als Cofaktor. Dann wird der Histaminausstoß schnell „gedeckelt" und wieder abgebaut. Doch ist das in jedem Fall NUR gut? Wir sehen, dass Patienten mit eher niedrigen Histaminwerten (weil es eben schneller abgebaut als gebildet wird) ebenso zu Allergien neigen. Warum ist das so? Weil der Körper als Antwort auf den konsequent erniedrigten Histaminspiegel die Rezeptordichte für Histamin erhöht. Es geht also nicht nur um das Signal als Sender. Es geht auch um den Empfänger oder eben, wie viele davon da sind. Im Fall einer erhöhten Rezeptordichte reagiert der Körper dann noch sensibler und empfindlicher auf einen akuten Histaminausstoß.

Sie können sich das vorstellen wie Antennen auf einem Haus. Eine Antenne auf dem Dach leitet ein akustisches Signal ins Hausinnere weiter. 10 Antennen auf dem Dach würden dann als Weiterleitungssignal richtig Krach machen im Haus, oder?

Wenn wir es also schaffen, bei solchen Patienten, die zu viele Rezeptoren oder Antennen haben, die Anzahl der Antennen/Rezeptoren zu vermindern, dann müsste doch alles wieder normal funktionieren oder? Tut es auch. Das kann man mit Mikronährstofftherapie erreichen. Wie das geht, sehen wir später.

Bemerkt man beim Putzen des Pferdes Hautveränderungen, kann dies auf eine Allergie hinweisen.

Staub im Heu und in der Einstreu kann für empfindliche Pferde allergieauslösend sein.

LABOR BEI ALLERGIEN

Im normalen Blutbild können die Eosinophilen erhöht sein (auch bei Parasitosen) und die IgE-Antikörper-Titer. Histamin selber wird beim Pferd nicht bestimmt. Einige Labore bieten Allergie-Screening-Tests an, in denen die Reaktivität der IgE-Antikörper auf bestimmte Allergene untersucht wird (z. B. Hafer, Weizen, Soja etc). Auch Bioresonanz-Analysen werden mittlerweile für den Halter direkt angeboten (auch über das Internet). Hier wird anhand von Haaren per Schwingungsanalyse getestet. Der Halter bekommt die Aussage: reagiert oder reagiert nicht. Falls weiter nicht differenziert wird, ist es nicht möglich, zwischen einer starken oder einer schwachen Reaktion zu unterscheiden. Bioresonanz-Analysen sind nicht wirklich aufwendig. Der Preis steht dazu meines Erachtens in keinem Verhältnis. Der Nutzen auch nicht.

ORTHOMOLEKULARE THERAPIE

Es gibt einzelne Mikronährstoffe, die sich anhebend oder absenkend auf den Histaminstoffwechsel auswirken. In einer akuten Situation lässt sich der Histaminspiegel immer mit Calcium und gepuffertem Vitamin C gut absenken. Wollen wir den Histaminspiegel auf Dauer ändern, also z. B.

ERGÄNZENDE PHYTOTHERAPIE
Melisse und Süßholzwurzel wirken positiv und allergienreduzierend, indem sie die TH2-Dominanz absenken und die Nerven beruhigen.

dahingehend, dass die Rezeptordichte gesenkt wird oder die Vesikel innerhalb der Zelle mit weniger Histamin beladen werden, so können wir Vitamin B3 nutzen, Zink, P5P als die aktive Form von Vitamin B6, Folsäure, Vitamin B5 oder auch die Aminosäure Tryptophan. Und beide Ansätze kann man auch gleichzeitig verfolgen. Denn Rumschrauben am Histaminstoffwechsel macht in der Regel erst mal ein klein wenig schlimmere Symptome. Sodass gleichermaßen „anregen und deckeln" milder und damit besser funktionieren kann. In der Regel nutzt man ein Ergänzungsfuttermittel mit Zink und B-Vitaminen und wirkt dadurch bereits mastzellstabilisierend. Bei schlimmen Allergien hat es sich bewährt, Vitamin B3 mehrfach am Tag zu geben. Das Vitamin hat eine extrem kurze Halbwertszeit und ist nach zwei bis drei Stunden bereits schon wieder aus dem Blut verschwunden. Bis zur Besserung sollte man also ca. alle drei Stunden zumindest tagsüber dem Pferd Vitamin B3 geben. Auch hier nutzt man wieder Präparate aus dem Humanbereich und wählt eine möglichst nebenwirkungsfreie Form: das Niacinamid mit 500 mg/Kapsel. Man startet mit einer Kapsel alle zwei bis vier Stunden und steigert auf zwei Kapseln alle zwei bis vier Stunden. Am Anfang sollte man mindestens vier Gaben pro Tag organisieren können. Später bei Besserung reichen auch drei Gaben pro Tag.

ATEMWEGSERKRANKUNGEN

Wie oft entsteht aus einem erst infektiösen Husten ein chronisches Geschehen. Man gibt Dose um Dose Schleimlöser und Bronchienweitsteller und hofft darauf, dass die nächste Dose nun wirklich Linderung der Beschwerden und Heilung bringen wird.

Manch ein Pferd erholt sich von dieser Therapie nie wieder. Der Behandler zuckt dann mit den Achseln. Schuld ist in der Regel der Halter, der zu wenig auf Staubfreiheit und Bewegung an der frischen Luft geachtet hat. Was ist da passiert?

Auch Pferde können sich erkälten. Auch Pferde können mal einen virusbedingten „Husten oder Schnupfen" haben. Auch bei Pferden können sich auf den Schleim, der dabei gebildet wird, als toller Nährboden Bakterien setzen. Das ist auch bei unseren vierbeinigen Freunden nicht anders als bei uns. Doch immerhin, jedes vierte Pferd hat wiederkehrende Atemwegsprobleme. Das ist kein kleines Problem. Natürlich sind dunkle und staubige Ställe keine gute Haltung und selbstverständlich brauchen wir möglichst staubfreies Raufutter und keinen Schimmelbefall – weder im Futter noch im Stall. Solcherlei Probleme oder hygienische Mängel in der Haltung können viel Geld und Nerven kosten. Aber sind sie wirklich die einzigen Gründe für Bronchitis beim Pferd?

Wie entsteht denn aus einem anfänglichen viralen Husten ein chronisch allergischer? Eine Möglichkeit wäre doch, dass es ein Stoffwechselproblem gibt, was das eine Pferd infektanfälliger macht und evtl. auch für eine erhöhte Allergiebereitschaft sorgt! Es will mir nicht so ganz einleuchten, dass die Haltung, die heute doch um einiges besser

Im Inhalator wird Salzwasser verdampft, das vom Pferd direkt eingeatmet wird.

ist als früher, zumindest sollte man das in über 70 % der Fälle annehmen wollen, mehr Infekte und Allergien hervorbringt als früher. Das macht irgendwie wenig Sinn. Was hingegen mehr Sinn macht aus meiner Sicht, ist, dass sich die Umwelt geändert hat und die Allergene stärker reizend wirken und die Pferde größeren Umweltbelastungen ausgesetzt sind als früher. Wenn wir mit diesem Blick auf die Pferde schauen, können wir ihnen vielleicht besser helfen.

Natürlich staubarm, weniger Gifte, also Stroh raus, Späne rein. Heu nass machen oder bedampfen ... bitte so, dass es auch wirklich nass ist und nicht nur die äußeren Sphären einmal angefeuchtet. Und bitte nasses Heu sofort verfüttern und nicht erst einen halben Tag später. Nasse Reste entsorgen, sie können je wärmer die Temperaturen sind, auch leicht gären. Bitte nehmen Sie Ihren gesunden Menschenverstand mit in den Stall.

Ein Tierarzt kam mal zur geplanten Bronchioskopie zu uns. Damals bei unserem Friesen Willum. Sie erinnern sich. Er hatte zu dem Zeitpunkt in regelmäßigen Abständen also mind. alle vier Wochen Impfungen bekommen, um den Impfpass auf Vordermann zu bringen. Nach der ersten Impfung hatte er Fieber und angefangen zu husten. Nur noch mal fürs Protokoll: Vor der Impfaktion war das ein bildschönes, starkes, gesundes, tolles Pferd. Der Tierarzt weigerte sich,

Freie Atmung und eine gute Lungenfunktion lassen Pferde gesund alt werden.

die Bronchoskopie durchzuführen mit der Begründung, der Heuboden müsste räumlich abgetrennt werden. So wäre es logisch, dass das Pferd hustet. Ich hab echt nur noch Bahnhof verstanden. In dem Stall gab es damals Durchzug. Das war das Problem. Und dass ihn das Impfen einfach geschwächt hat. Nicht der Heuboden unter einer extrem hohen Decke. So kann man natürlich auch Probleme umdefinieren.

WAS HILFT BEI AKUTEN INFEKTEN?

Wärme hilft, Inhalieren hilft. Hustenkräuter und Schleimlöser wie ACC. Wenn Sie ein Rezept von Ihrem Tierarzt bekommen für ACC als Reinsubstanz, ist das die preiswerteste Version. Sie benötigen für ein 500 kg-Pferd ca. 12 Gramm am Tag (zweimal 6 Gramm). Eine Kur dauert immer mind. 14 Tage. Erst dann löst sich der Schleim. Gerne 3 Wochen füttern, dann Pause, bei Bedarf wiederholen. Als Equimucin gibt es ACC plus Zuckerzusatz beim Tierarzt.
Zink und B-Vitamine helfen dem Immunsystem wieder auf die Beine.
Engystol ad.us.vet hilft bei viralen Infekten. Bronchicomp ebenfalls. Meerrettich wirkt stark antiviral und antibakteriell und seine Schärfe macht die Atemwege frei. Man raspelt ihn frisch und gibt für ein 500 kg-Pferd ca. 100 Gramm am Tag mit ins Futter. In Heucobs wird es gerne gefressen.

WAS HILFT BEI CHRONISCHEN INFEKTEN?

Naturheilkundlich machen wir oben bereits Genanntes und wiederholen dieses, bis die Lunge sauber ist.
In hartnäckigen Fällen kann man ein starres Immunsystem mit Hilfe von Sanum Präparaten wieder mobilisieren. Dazu verwendet man Utilin S D4 einmal wöchentlich, am darauffolgenden Tag gibt man eine Mischampulle aus Citrokehl und Coenzyme comp. (Heel).
So habe ich damals Willums Lunge wieder sauber bekommen. Was? Homoöpathie soll da helfen? Wenn man mit dem Rücken zur Wand steht, probiert man einiges aus. Ich jedenfalls habe nicht schlecht gestaunt, als dicke weiße Schleimbatzen morgens vor der Box lagen. Es lief völlig mühelos einfach raus, was monatelang feststeckte.
Ein Versuch ist es immer wert. Und sehr viel preiswerter als die Dosen, die man im Abo kaufen kann.

LABORANALYSEN

Anhand eines großen Blutbilds lässt sich zwischen einem viralen Infekt oder einem bakteriellen Infekt oder einer Allergie unterscheiden. Viel mehr kann man nicht sehen. Weitere Laboruntersuchungen bringen eine Analyse des Sekrets. Dieses wird in der Regel im Rahmen einer Bronchoskopie aus der Luftröhre genommen, ebenso wie ein kleines Stück Schleimhaut, das man für histologische (Gewebe-)Untersuchungen bereitstellen kann. Anhand der Immunzellen und der Beschaffenheit der Schleimhaut lassen sich dann wiederum Rückschlüsse ziehen, ob es sich um allergisches Geschehen handelt oder um ein akut-infekt-entzündliches. Das hilft natürlich in der Wahl der Therapie. Also z. B. ob Cortison oder Antibiose oder nur Schleimlöser.

NEUE ZUSAMMENHÄNGE ALS URSACHE?

In der Traditionellen Chinesischen Medizin (TCM) gibt es eine Verbindung zwischen dem Organ- und Meridiansystem von Lunge und Dickdarm. Und es gibt einige Studien,

Bei eisigem Wetter schützt dickes Fell vor Kälte. Diese Pferde sind in der Regel wenig infektanfällig.

die darauf hinweisen, dass Substanzen, die im Darm durch Fehlgärung entstehen, Atemwegsprobleme in Versuchstieren auslösen. Ist das nicht spannend? Konkret geht es um die chemische Substanz Skatol oder 3-Methylindol. Wird die Aminosäure Tryptophan nicht gut im Darm resorbiert, kann sie Fäulnisprozessen zum Opfer fallen und biochemisch in diese zwei giftigen Substanzen umgewandelt werden. Die Entgiftung erfolgt in der Leber und die Ausscheidung dann in Form von Indikan über den Urin. Bei Pferden, die hohe HPU/KPU-Werte aufweisen, finden wir in der Regel immer eine Indikanurie, also eine Ausscheidung von Indikan über den Urin und haben damit den Nachweis einer Dysbiose (Fäulnisprozesse) im Darm. Zu dieser Konstellation dann Luzerne, die viel Tryptophan enthält zu füttern oder Zusatzfuttermittel, die Tryptophan enthalten, könnte evtl. die Anfälligkeit der Pferde auf der Lunge erhöhen. Ein HPU-Test oder ein Test auf Indikan wäre empfehlenswert, wenn ich als Halter herausfinden möchte, ob mein Pferd davon auch betroffen ist und die Ursache des Hustens vielleicht im Darm oder im Stoffwechsel begründet liegen kann.

SOMMEREKZEM

Als Sommerekzem wird die allergische Reaktion der Haut auf den Speichel bestimmter Mückenarten (Kriebelmücken, Gnitzen) bezeichnet. In der Regel werden die Stellen am Pferd vermehrt „angeflogen" und gestochen, die mit senkrechten Haaren bedeckt sind. Also Bauchnaht, Mähnenkamm und Schweifrübe.

Nach dem Stich entstehen kleine rote Pusteln, die stark jucken und das betroffene Pferd veranlassen, sich zu scheuern. Dabei können die Haare abbrechen und die Haut beschädigt werden, sodass Keime leicht eindringen und die Entzündung weiter vorantreiben können. Das kann im schlechtesten Fall zu stark nässenden und entzündeten Hautarealen führen, die auch bluten und eitern können. Die Erkrankung bleibt auf die Sommermonate beschränkt, in denen die Mücken fliegen. Aufstallung tagsüber oder auch sog. Ekzemerdecken können vorbeugen.

Hygiene ist wichtig und die regelmäßige Pflege betroffener Hautareale. Dabei sollte möglichst wenig mit Tensiden und Seifen gearbeitet werden, sondern eher mit pH-hautneutralen, extra dafür ausgelobten Waschmitteln und pflegenden Ölen, die nicht fetten. Offene Stellen können mit belaVet Antikeimlösung desinfiziert werden.

Der Mähnenkamm ist eine der Körperstellen, die am häufigsten vom Ekzem betroffen sind.

LABORANALYSE

Man kann ein Geschabsel der Haut nehmen und unter dem Mikroskop begutachten lassen. Natürlich gibt es auch andere Gründe als Allergien, die zur Ausbildung eines Ekzems führen. Ein Befall mit Milben oder Hautpilzen sollte ausgeschlossen werden. Auch hier kann wieder ein Allergie-Screening auf die Antigene des Mückenspeichels (Blut-Analyse) Klarheit bringen, ob es sich tatsächlich um eine allergische Reaktion handelt. Möglich wäre auch, dass die Allergie nicht nur auf Mückenspeichel besteht, sondern multifaktoriell ist und mehrere Faktoren sich addieren und so einen gewissen Schwellenwert überschreiten. Ein Beispiel dafür wären Futtermittelunverträglichkeiten (z. B. gegen Hafer oder Weizen), die zwar ganzjährig bestehen, doch erst mit dem zusätzlichen Auslöser von sonst harmlosen Mückenstichen sich in der allergischen Reaktion potenzieren.

Ursache für Allergien ist in den meisten Fällen die Stoffwechselstörung HPU. Ein Urintest kann hier Klarheit verschaffen.

Was wir auch zunehmend in der Praxis sehen, sind Mückenstiche, die enorme Reaktionen hervorrufen. Also zum Beispiel ein doppelt so dickes Bein oder sogar Fieber. Was ist da los? Auch der Mückenspeichel verändert sich. Solche Reaktionen hat es früher irgendwie nicht gegeben.

WAS TUN BEI SOMMEREKZEM?

Vorbeugen ist besser als behandeln. Wenn Ihr Pferd also wirklich Ekzemer ist, lindert die Decke in der Regel die Beschwerden. Die Haut ist neben Leber und Niere auch ein Entgiftungsorgan. Interessant ist eine Studie über schlimme Neurodermitis bei Babys und Kleinkindern, die noch gestillt wurden. Hier wurde im Blut der Babys der Zink- und Selenwert bestimmt. Alle Atopiker (Ekzemer) hatten einen kombinierten Zink- und Selenmangel. Außerdem konnten in vielen Proben Schwermetalle und Schadstoffe in der Muttermilch festgestellt werden. Auch hier zeigt sich also unter Umständen das Missverhältnis zwischen Giftbelastung auf der einen und Mikronähstoffmängel/mangelnde Versorgung auf der anderen Seite.

Auf ein ausgewogenes Zink-Kupfer-Verhältnis ist zu achten. Am besten auf Kupfer in Müslis und Ergänzungsmitteln komplett verzichten und stattdessen hochdosiert Zink und B-Vitamine füttern. Die Supplementation von Zink kann die Allergiebereitschaft senken, zusammen mit Vitamin B3 auch die Ladung der Mastzellen mit Histamin reduzieren und damit stabilisierend wirken. Gut für Haut und Fell ist auch die Fütterung von Omega-6-haltigen Ölen wie z. B. Nachtkerzen- oder Borretschöl. Ein sehr gut gefüllter Selenspiegel ist ebenfalls wichtig. Selen hilft bei der Bereitstellung von Glutathion, einem wichtigen Entgiftungsmolekül und wirkt stark antientzündlich. Magnesium kann eine Allergie verschlimmern, Calcium ist in der Aufnahme der Gegenspieler und vermag das Histamin im Körper zu senken. Pferde brauchen Calcium für eine therapeutische Dosierung grammweise.

Schwefel innerlich (z. B. MSM) und äußerlich (z. B. Schwefelblüte) haben sich ebenfalls bewährt und helfen dem Pferd bei der Entgiftung und gegen Lästlinge.

ERGÄNZENDE PHYTOTHERAPIE

Ringelblumentinktur (aus der Apotheke) tut der gereizten Haut gut. Schwarzkümmel innerlich wirkt Allergien entgegen. Chlorella balanciert ein übereifriges Immunsystem und leitet gleichzeitig belastende Schwermetalle aus. Ackerschachtelhalm enthält viel Silizium, was Hauterkrankungen vorbeugt.

Stress in der Stallhaltung? Die Ursachen für Kotwasser sind nicht immer offensichtlich.

KOTWASSER

Was ist Kotwasser eigentlich wirklich? Man kann viel darüber lesen und anschließend doch irgendwie nichts wissen. Es wird viel gemutmaßt. Die einen behaupten, es seien Toxine aus schimmeligem Heu oder Stroh, die anderen sprechen von Allergien und suchen im Histamin von Heulage oder Silage den Übeltäter.

Wenn aber niemand wirklich erklären kann, was Kotwasser beim Pferd ist, wie soll man es dann effektiv behandeln können? Und wenn so viele Pferde das Problem haben, wieso weiß man immer noch so wenig darüber? Könnte es vielleicht sein, dass wir im Kollektiv immer mit der gleichen Brille schauen? Pferde, die unter Kotwasser leiden, erkennt man in der Regel ganz gut an ihrem verschmutzten Hintern und den verschmutzten Hinterbeinen. Neben den Pferdeäpfeln kommt vor, während des Kot-Absetzens oder danach noch freie Flüssigkeit heraus. Zum Teil viel und auch schwallweise. Futtermittelfirmen lösen das Problem, indem sie Bindemittel, wie Kohle, Bentonit oder andere Gesteinsmehle, in Form von Ergänzungsfuttermitteln, anbieten. Das bindet zwar das Wasser und reduziert das Symptom, aber führt eben zu keiner dauerhaften Heilung. Super sauberes Futter sollte selbstverständlich sein. Und dennoch: immer noch Kotwasser?

Kotwasser ist meines Erachtens ein Problem der Neuzeit. Das hat es früher in dem Ausmaß bei Pferden einfach nicht gegeben. Schimmliges Futter hingegen gab es schon immer. Und sicherlich früher auch noch mehr als heute. Was aus der Neuzeit könnte also ursächlich sein? Eine beliebte Ursache ist selbstverständlich auch der Stress der Aufstallung und die arme Psyche unserer Pferde. Auch daran glaube ich nicht. Dann müsste es heutzutage eher die Langeweile sein. Aber dass einer aus Langeweile Kotwasser bekommt, halte ich nicht für plausibel. Es bleiben meines Erachtens Chemikalien. Alles, mit dem unser Pferd noch so in Kontakt kommt. Sind es Allergien auf diese Stoffe? Eher nicht. Kotwasser haben Pferde, die nicht wirklich in erster Linie Allergiker sind. Vielmehr würden wir beim Thema Dysbiose weiter forschen. Also nach Antibiosen fragen z. B. in der Historie des Pferdes. Oder eben Kontakt mit Herbiziden. Nur wissen das die wenigsten Menschen, auch aus dem Grund, weil sie die Geschichte ihres Pferdes nicht lückenlos kennen. Die wenigsten kaufen im Fohlenalter und haben das Pferd auf dem eigenen Hof stehen.

LABORANALYSE

Es lohnt sich, einen genauen Blick auf die Darmflora des Pferdes zu werfen. Das Labor ParaDocs führt entsprechende Analysen durch, ebenso wie das Labor Probios. Fäulniskeime wie Chlostridien oder Anaerobier und auch Pilze können durch die Anwesenheit von Herbiziden im Darmtrakt einen Wachstumsvorteil bekommen und zu massiven Fehlgärungen führen. Solcherlei Mitbewohner können auch Toxine bilden. Diese Toxine sind es evtl., die das Pferd mithilfe des Kotwassers zu entsorgen versucht. Werden Giftstoffe durch Bindemittel wie Kohle, Gesteinsmehle etc. unschädlich gemacht, wirkt sich das positiv auf das Darmmilieu aus. Nichtsdestotrotz reicht das Binden der Toxine nicht, die Dysbiose zu bekämpfen. Ein Florastatus kann klären, was da u. U. überwuchert und Probleme macht und Hinweise zur Behandlung geben. Z. B. mit Hilfe eines Probiotikums ins Futter oder eines natürlichen Antibiotikums/Antimykotikums. Ein Beispiel hierfür wären ozonisierte Öle (Rizole).
Neuere Studien haben einen Unterschied zwischen gesunden Pferden und Pferden mit Kotwasserproblemen gefunden. Zu bestimmten Jahreszeiten konnten bei Kotwasser-Pferden weniger Bacillus spec. Bakterien nachgewiesen werden und stattdessen mehr der Gattung Alloprevotella. Eine Verschiebung des Mikrobioms in Richtung Alloprevotella konnte wiederum in einem Experiment in Ratten gefunden werden, wenn die Ratten Aflatoxinen (Schimmelpilzgift) im Futter ausgesetzt waren. Welche Toxine beim Pferd eine Rolle spielen, ist allerdings weiterhin unklar.

WAS HILFT BEI KOTWASSER?

Bindemittel (Kohle, Bentonit), Abfangen von Herbiziden aus dem Futter wie z. B. Glyphosat mit Hilfe von Moorkonzentrat. Spezielles Futter, das Propionsäure oder Butyrat enthält. Diese kurzkettigen Fettsäuren dienen als Energieträger zur Herstellung einer gesunden Dickdarmschleimhaut. ColoSan® von Dr. Schaette ist ein wahrer Darmschmeichler und immer prima. Oder Anis, Fenchel, Kümmel einzeln, um Fehlgärungen zu reduzieren und das Mikrobiom zu stabilisieren.

Eine Kotuntersuchung gibt Aufschluss über die Darmflora des Pferdes.

EOTRH

EOTRH steht für „Equine Odontoclastic Tooth Resorption and Hypercementosis " und ist die Abkürzung aus dem Englischen. Übersetzt bedeutet es so viel wie: equine Zahnresorptionsstörung der Osteoklasten und Hyperzementierung.

Die Osteoklasten sind die knochenabbauende Zellen im Zahnhalteapparat. Ihre Gegenspieler, die Osteoblasten, sorgen für den Aufbau der Zähne und des Zahnhalteapparats. Überwiegt die Aktivität der Osteoklasten, findet mehr Abbau als Aufbau statt.
Bei der EOTRH kommt es neben dem vermehrten Abbau durch die Osteoklasten auch zu einem vermehrten aber minderwertigen Aufbau durch die Osteoblasten. Statt gute Knochen und Zahnstruktur wird minderwertiger Zement eingebaut. Warum das so ist, was der Auslöser dieser degenerativen, also fortschreitenden Erkrankung ist, wissen wir noch nicht. In der Regel sind und bleiben die Schneidezähne älterer Pferde betroffen. Im Verlauf kommt es zu Entzündungen und auch Fistel- und Eiterbildung im betroffenen Bereich, was sehr schmerzhaft für die Tiere sein kann. Da hilft meist nur noch, die betroffenen Zähne nach und nach zu ziehen. Dabei lieber früher als später, denn solche Zahnentzündungen können auch Fernwirkung haben und systemisch den gesamten Körper belasten. Abgesehen davon, dass Schmerzen beim Kauen nicht nur Stress, sondern auch Änderungen im Fress- und Trinkverhalten verursachen können. Dies wiederum kann Auswirkungen auf die sensible Verdauung der Pferde haben und auch in Koliken münden.
Es wird viel spekuliert, was die EOTRH angeht. Futterhersteller sehen natürlich jahrelange Fehlfütterung und Mineralisierungsmängel als Auslöser. Schuld hat demnach schon wieder der Halter. Nicht der Futtermittelhersteller, der auch mit den besten Zusätzen den Verlauf nicht aufhalten kann. Warum nennen wir die Probleme nicht einfach mal wirklich beim Namen? Es sind keine Mineralisierungsmängel. Wenn dem so wäre, dann wären früher im Krieg den Pferden die Zähne auch weggefault. Wir müssen neu denken und nach Lösungen für Probleme der Neuzeit suchen. Und wenn wir immer so tun, als hätten wir Erklärungen parat, dann begrenzen wir uns dabei weiter anstatt voran zu denken.
Ich bin also für neue Ansätze. Die ersten Pferde-Zähne auf Glyphosatbelastung werden im Labor aktuell (Stand Dez. 2022) untersucht. Ich bin gespannt, ob wir etwas finden werden. Es ist ja nur eine Substanz aus mehreren Hundert, die man untersuchen kann.
Im Humanbereich gibt es auch eine neue Zahnerkrankung. Allerdings bei Kindern. Die Molaren-Inzisiven-Hypomineralisation (MIH), auch als Kreidezähne beschrieben. Es ist eine Störung des Zahnschmelzes und macht die Zähne anfälliger für Karies. Verschiedene Ursachen werden diskutiert. Neben Vitamin D-Mangel werden auch Kinderkrankheiten in den frühen Lebensmonaten, Antibiotikagaben, aber eben auch Weichmacher aus Kunststoffen und Dioxine diskutiert. Untersucht werden soll auch, ob die Mütter in der Schwangerschaft evtl.

Meine Friesenstute Meinuou mit den verbliebenen Schneidezähnen.

Schneidezähne eines gesunden Pferdes.

schädigenden Substanzen ausgesetzt waren, als die Zähne angelegt wurden. Wollen wir hier auch von Fütterungs- und Ernährungsfehlern sprechen? Es wird immer dann ein Schuh draus, wenn wir es nicht einseitig betrachten. Natürlich ist die Versorgung mit Vitalstoffen entscheidend für die Bildung der Zähne. Das konnte Dr. Weston Price, ein amerikanischer Zahnarzt, durch seine Forschung auf den verschiedenen Kontinenten dieser Erde eindrücklich belegen. Er zeigte, wie sich die Kieferstrukturen und Zahnstellungen mit Einführung einer industrialisierten Ernährung über die Generationen veränderte. Dabei war es unerheblich, ob es sich dabei um Inuit, indigene Amerikaner oder Europäer oder Afrikaner handelte. Durch industriell verarbeitete Lebensmittel und der Einführung von raffinierten Mehlen und Zucker kam es zur Engstellung von Kiefern und dadurch zu wenig Platz für die Zähne. Es kam aber nicht zum Zerbröseln der Zähne. Das ist auch nicht bekannt von Kriegen oder Hungersnöten. Zumindest wurden diese Zahnerkrankungen bislang nicht beschrieben. Wenn wir also eher unseren Blick dahingehend ausrichten würden, was stört, was u.U. zu viel ist, weil es ein Giftstoff ist, dann würden wir evtl. schneller fündig. Von Glyphosat ist bekannt, dass es die Größe der Aminosäure Glycin besitzt und stattdessen eingebaut werden kann. Nun ist Glycin eben auch wichtig für das Bindegewebe und damit unseren Stützapparat. Es ist Bestandteil von Sehnen, Knochen und Zähnen.
Warum sollte der Kontakt und das Verstoffwechseln solcher Substanzen ohne Auswirkungen auf uns oder unsere Tiere bleiben? Uns und unsere Pferde nicht im Kontext der immer stärker werdenden Umweltbelastung zu sehen, erscheint mir irrsinnig. Aber es gibt eben unter den Menschen gute Entgifter,

Mit dem Futter aufgenommene Umweltgifte richten im Körper Schaden an.

die sich bester Gesundheit erfreuen und alle anderen auslachen, die Probleme haben. Bedauerlicherweise ist die Stimme derjenigen immer noch sehr laut und die Stimme der Betroffenen sehr schwach. Wahrscheinlich einfach aufgrund der Schwäche und des Krankseins. Unsere Pferde haben keine Stimme. Vielleicht können wir durch eine Änderung in unserem Bewusstsein durch mehr Achtsamkeit, auch für unsere Pferde Gutes erreichen.

UNTERSUCHUNGEN BEI EOTRH

Röntgenbilder können den Verfall des Zahnhalteapparates zeigen, wenn die Krankheit bereits ausgebrochen ist. Computertomographie (CT) kann die Erkrankung bereits in den Anfängen sichtbar machen.

WAS TUN BEI EOTRH?

Regelmäßige Überprüfung der Zähne und lieber ein Röntgenbild zu viel als zu wenig helfen, schlechter werdende Zähne zu identifizieren und so rechtzeitig zu extrahieren. Es gibt einige positive Erfahrungswerte zur Fütterung von Heilpilzmischungen bei betroffenen Pferden. Mumjio/Shilajit ist eine Substanz aus der ayurvedischen Medizin und verbessert die Knochenheilung. Erste Anwendungen sehen erfolgversprechend aus. Es dient auch der Entgiftung von Herbiziden. Sollte aber auch grammweise (mind. 2 Gramm täglich) gefüttert werden. Die Pferde kommen ohne Schneidezähne gut zurecht. Auch Reiten ist möglich. Zufütterung von eingeweichten Heucobs ist sinnvoll. Auch das Tränken mit warmem Wasser aus einem Eimer nehmen die Pferde im Winter gerne an.

HUFREHE

Als Hufrehe wird eine sehr schmerzhafte Entzündung der Huflederhaut bezeichnet. Die Huflederhaut verbindet das Hufbein mit der Hornkapsel. Die akute Rehe ist immer ein Notfall und muss tierärztlich behandelt werden.

Durch die Entzündung kommt es zur Minderdurchblutung und Ödembildung. Das Hufbein kann sich aus seiner Halterung der Hornkapsel lösen, rotieren oder absenken bis zum sog. Ausschuhen. Auch eine chronische Form der Rehe ist möglich.
Alles, was zur Entzündung und Minderdurchblutung der Huflederhaut führen kann, kann als Ursache fungieren. Das kann eine zu große oder einseitige Belastung sein, z. B. bei einer Verletzung und langen Stehphasen. Stoffwechseltechnisch kommt die Rehe auch im Rahmen des metabolischen Syndroms oder Chushings vor. Auch Toxine können eine Rehe auslösen. Heute weiß man, dass es nicht Eiweiße sind, die das Darmmilieu bei einer futterbedingten Rehe kippen lassen, sondern eher zu große Kohlenhydratmengen. Diese führen dazu, dass zu viel Säure im Darm gebildet wird, sodass sich das ganze Mikrobiom ungünstig verschiebt und anfängt, Giftstoffe ins Blut abzugeben. Toxine entstehen auch, wenn nach der Geburt noch Reste der Plazenta im Körper verbleiben und der Mutterkuchen nicht vollständig abgestoßen wird. Bei EMS oder Cushing liegt das Problem in der Engstellung der Gefäße und der Schädigung der kleinsten Gefäße im Huf. Auch das Fressen von giftigen Pflanzen oder Schimmelpilzen kann eine Hufrehe auslösen.
Man unterscheidet also in Belastungs-, Fütterungs- und Vergiftungsrehe.

LABORANALYSE

Das Pferd läuft wie auf Eiern oder lahmt und bewegt sich nur ungern. Es hat Schmerzen. Es zeigt in engen Wendungen einen sog. Wendeschmerz. Typisch ist auch die sog. Sägebockstellung. Es versucht, die Zehe zu entlasten und das Gewicht eher auf die Trachten zu verteilen. Der Hufschmied sieht eine Verbreiterung der weißen Linie im Huf.

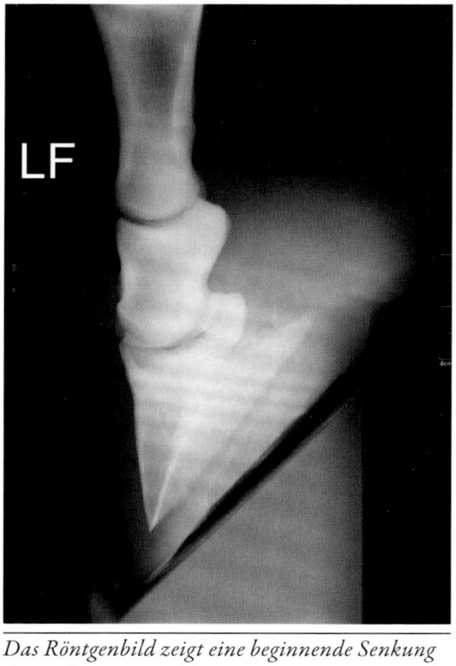

Das Röntgenbild zeigt eine beginnende Senkung des Hufbeins.

Röntgenbilder zeigen, ob es bereits zu einer Rotation oder Senkung des Hufbeins gekommen ist.
Auch Laboruntersuchungen machen Sinn. Bei unklarem Auslöser können Schilddrüsenhormone und Cortisolwerte hilfreich sein. Bei Verdacht auf eine endokrine Störung wie Cushing oder EMS selbstverständlich auch ein Urintest auf die Stoffwechselstörung HPU. Das ist deswegen wichtig zu wissen, weil es quasi Weichen in der Fütterung stellt. Denn ein solches Pferd würden Sie dann vor allem in einem akuten Schub kupferfrei füttern. Genauso, wenn Toxine als mögliche Auslöser der Rehe im Verdacht stehen. Auch dann testen Sie auf die Entgiftungsstörung HPU.

BEHANDLUNG

Die Behandlung ist immer antientzündlich und schmerzlindernd. Im akuten Schub helfen Sie bitte Ihrem Pferd und geben Schmerzmittel und Entzündungshemmer. Später kann man die Therapie auch naturheilkundlich weiterführen und z. B. mit Weihrauch und Weidenrinde entzündungshemmend einwirken und das Pferd entlasten. Blutegel verbessern die Durchblutung und lindern ebenfalls Schmerzen. Durch den Blutverdünner, den die Egel abgeben, verbessern sie den gesamten Stoffaustausch im Gewebe und beschleunigen die Heilung.
Giftstoffe müssen dringend abgefangen werden. Die Süßwasseralge Chlorella leistet hierbei gute Dienste (z. B. als Tierfutterchlorella der Fa. Heidelberger Chlorella). Achten Sie auf Reinheit und einen verlässlichen Hersteller. Billige Alge kann auch belastet sein. Da Kupfer oxidativen Stress verstärkt, macht ein solcher Zusatz in Ergänzungs- oder Mineralfuttermitteln in akuten und chronischen Schüben aus meiner Sicht keinen Sinn. Es verschlechtert eher die Situation für das Pferd, wenn es sich um

Ein Pferd mit akuter Hufrehe kann nur mit Schmerzen stehen und liegt deshalb häufig.

eine HPU handelt. Die Pferde sind in der Regel mit Kupfer gut versorgt. Zink hingegen und B-Vitamine haben zahlreiche Aufgaben bei der Entgiftung sowie beim Säure-Basen-Haushalt, der Verdauung, und Entzündungsregulierung.
Bei der Fütterung sollte man Kohlenhydrate meiden und erst mal nur aus qualitativ hochwertigem Heu bestehen. Um Zink und B-Vitamine (z. B. Lillipyrrol®) ins Pferd zu bekommen, eignen sich unmineralisierte, getreidefreie Müslis (z. B. Glyx®, St. Hippolyt) oder Heucobs.

ERGÄNZENDE PHYTOTHERAPIE

Die Entgiftung sollte außerdem speziell über die Niere gefördert werden. Hierzu eignen sich Brennnessel, Ackerschachtelhalm oder Goldrute.

SHIVERING

Als Shivering wird eine neuromuskuläre Erkrankung bezeichnet. Symptome sind Zittern, vor allem der Hinterbeine, oder krampfartige Bewegungen, z. B. beim Rückwärtsgehen oder auch Probleme beim Schmied, weil das Stehen auf drei Beinen für die betroffenen Pferde schwierig ist.

Wie bei allen Zivilisationserkrankungen, die immer häufiger auftreten, weiß man nicht, wodurch es entsteht und sucht in der Genetik oder sogar nach einem Hirntumor bzw. abgebauten Hirnzellen. Interessanterweise sehen wir dieses Phänomen auch beim Menschen. Hier wird es als benignes Faszikulationssyndrom bezeichnet. Mit oder ohne Muskelkrämpfen. Beim Menschen finden wir dieses Syndrom gehäuft nach durchgemachten Infekten. Umweltmediziner und Osteopathen sehen einen Zusammenhang mit der Zunahme der elektromagnetischen Strahlung. Probleme in den spannungsabhängigen Calciumkänalen werden diskutiert. Prof. Bodo Kuklinski spricht im Zusammenhang von Faszikulationen auch vom nitrosativen Stoffwechselstress, der durch Traumatisierungen der Halswirbelsäule entsteht. Das Zittern ist eher ein Energie- bzw. ATP-Mangel. Also auch ein Problem der Mitochondrien.

WAS TUN?

Bislang gibt es keine Laborwerte, die der Aufklärung dienen. Natürlich profitieren viele Pferde von Mikronährstofftherapie. Futtermittelhersteller neigen dann dazu, Shivering auch wieder als Mangelerkrankung anzusehen. Jeder schaut durch seine Brille. Wiedermal werden Umweltgifte als Auslöser völlig außer Acht gelassen. Wussten Sie, dass glyphosatvergifteten Hunden die Hinterbeine „wegbrechen"? Sie werden ataktisch und können kaum noch laufen. Rückwärts geht dann gleich mal gar nichts mehr. Clostridien-Toxine durch Herbizide wird hier ebenfalls diskutiert.

01

01 Shivering-Pferde zeigen Probleme beim längeren Heben eines Hinterbeins.

02 Rückwärtstreten macht ebenfalls Probleme.

Sie können den Urin Ihres Pferdes auf Glyphosat im Medizinischen Labor Bremen überprüfen lassen (Adresse des Labors finden Sie im Anhang).

Vitamin B12 in seiner aktiven Form (Methylcobalamin) schützt Nervenzellen vor nitrosativem Stress und sorgt dafür, dass keine oxidierten und damit krankmachenden Fette in die Zellmembran der Nervenzellen eingebaut werden. Abbau von Hirnsubstanz? So seltsam es klingt, aber das wird immer mehr Menschen tatsächlich diagnostiziert. Das wird mit Hilfe von MRT-Untersuchungen sichtbar gemacht. Warum fragt sich niemand, woran das liegt? Soll das normal sein? Alle neuromuskulären Erkrankungen brauchen Methylgruppen. Diese können wir in Form von S-Adenosylmethionin (kurz SAM) mit mind. 400mg pro Tag pro Pferd und Methylcobalamin (aktives Vitamin B12) mind. 2000mcg zur Verfügung stellen. Da es diese Substanzen für den Pferdebereich noch nicht gibt, nutzen wir diese Nahrungsergänzungen aus dem Humanbereich (z. B. Fa. Heidelberger Chlorella).
Gute Fettsäuren aus natürlichen Ölen sind essentiell. Hanföl ist gut oder natürlich auch Leinöl. Aber bitte immer frisch. Nicht aus einem 5-Liter Plastikeimer. Öle werden nach 14 Tagen bereits ranzig und schlecht. Länger darf man sie, vor allem in solchen Krankheitsfällen, nicht verfüttern. Also lieber kleine Gebinde kaufen (z. B. 250 ml Flaschen) und einfrieren zum Lagern. Angebrochene Flaschen innerhalb von 10 – 14 Tagen aufbrauchen. Nutzen Sie lieber Glasflaschen. Aus Plastikflaschen können Weichmacher in das Lebensmittel übergehen.

02

PSSM

PSSM ist die Abkürzung für Polysaccharid-Speicher-Myopathie. Eine Erkrankung der Muskulatur, die mit einer erhöhten Einlagerung langkettiger Zuckermoleküle in den Muskeln einhergeht. Dies führt zu einer Funktionsstörung des Muskelgewebes. Die Symptome können denen eines Kreuzverschlags sehr ähnlich sein.

Man unterscheidet erst seit kurzem zwischen PSSM1 und PSSM2. Von PSSM1 kennt man das betroffene Gen, es ist genetisch bedingt. Bei PSSM2 scheiden sich noch die Geister. Sechs verschiedene Gene sollen für diese zweite Variante verantwortlich sein, mittlerweile gibt es auch einen kommerziellen Test. Allerdings konnte in Studien der Universität von Michigan, USA, **keine** Korrelation zwischen Symptomatik und den in dem Test verwendeten Genveränderungen hergestellt werden. Symptomatische Pferde wurden zum Teil positiv getestet, genauso wie gesunde Pferde und andersrum, also betroffene Pferde konnten durch den Test nicht zuverlässig gefunden werden.

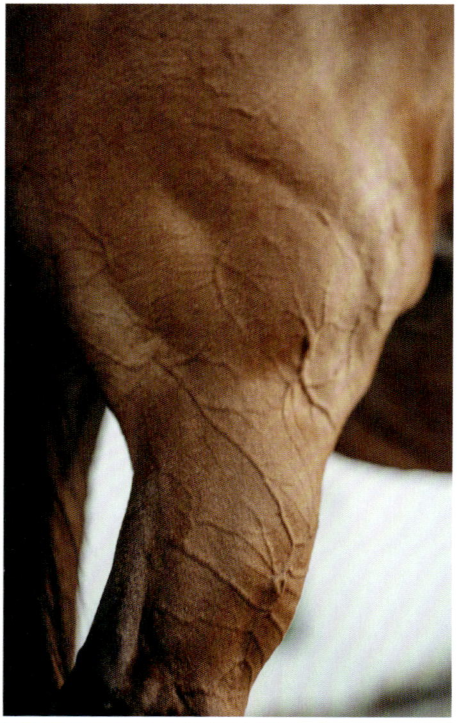

Dellen in der Muskulatur weisen auf PSSM hin.

SYMPTOME BEI PSSM

Die Symptomenpalette, die man im Internet lesen kann, ist so lang, dass man sich fragt, welches Pferd nicht davon betroffen sein soll. Muskelsteifheit, Bewegungsunlust, Muskelzittern, übermäßiges Schwitzen sind Symptome in akuten Phasen. Die Pferde nehmen häufig die Harnabsatzstellung ein, ohne zu urinieren. Die Rückenmuskulatur kann verhärtet und schmerzhaft sein. Die Erkrankung ähnelt dem Kreuzverschlag. Am Anfang treten Symptome häufig nach der Arbeit auf.

Im Gegensatz zu den dramatisch akuten Symptomen bei PSSM1, würde man bei PSSM2 vielleicht eher von einem chronisch milden Verlauf sprechen.

Zu den Symptomen bei PSSM2 zählen auch Dellen oder Risse in der Muskulatur betroffener Pferde, ein schlechtes Aufmuskeln durch Training/Anreiten, ein erhöhter oder aber auch ein erschlaffter Muskeltonus.

WAS GESCHIEHT BEI PSSM

- Säurelast erhöht (Kombi Zink und P5P-Mangel)
- Oxidativer Stress erhöht (Kupfer-Zink-Ratio! / zu viel freies Kupfer)
- Zuckerstau → Übersäuerung
- P5P-Mangel: Muskelstoffwechsel gestört, Glykogenabbau in der Muskelzelle zur Energieversorgung gemindert!

Geräuschempfindlichkeit wird beobachtet, ebenso wie Unwillen beim Satteln oder Putzen. Die Pferde bewegen sich z. T. anders im Schritt (Pass) oder Galopp (Hasenhoppeln) und zeigen Taktverlust in Wendungen oder auch schmerzbedingt Unlust, sich zu bewegen. Die Pferde stützen sich beim Reiten gerne auf die Hand.

DIAGNOSTIK

Eine klare Diagnose kann durch eine Muskelbiopsie gestellt werden. Hierbei sollte darauf geachtet werden, das Punktat aus einem Areal zu wählen, das Verhärtungen, Dellen oder Knötchen aufweist. Ein Gentest aus Blut oder Haaren ist nur im Fall von PSSM1 aussagekräftig (Glykogensynthethase 1). Der Gentest auf PSSM2 umfasst sechs verschiedene Gene. Drei davon kodieren für Strukturproteine im Muskel, ein Gen für einen Teil eines spannungsabhängigen Calcium-Kanals, eines für Kollagen VI und eines für ein Enzym, die Thiolreduktase. Tatsächlich sind die von diesen Genen abgeleiteten Proteine an verschiedenen Stellen im Muskelstoffwechsel wichtig. Beim Menschen sind durchaus z. T. Muskelerkrankungen mit Änderungen in diesen Genen bekannt. Allerdings gehören sie zum Bereich seltene bis sehr seltene Erkrankungen und der Krankheitsverlauf ist auch nicht mild oder mit einer gezielten Ernährung zu beeinflussen, sondern dramatisch schlecht und endet im Rollstuhl oder mit dem Versagen der Atemmuskulatur.

Was beim Menschen allerdings wie bei unseren Pferden sehr häufig auftritt, sind generelle Myopathien, also Erkrankungen der Muskulatur, die mit Schmerz und Entzündung einhergehen, z. B. Fibromyalgie. Die Diagnose Fibromyalgie ist eine Verdachtsdiagnose. Der Arzt drückt mehrere Punkte am Körper des Patienten ab und wenn über 11 davon auffällig schmerzhaft sind, wird die Diagnose gestellt. Wir wissen auch bei den Myopathien des Menschen wenig. Außer, dass sie als Erkrankung in der Neuzeit zunehmen und aus naturheilkundlicher Sicht mit Giftstoffen oder auch endokrinen Störungen zu tun haben. Eine Form der Fibromyalgie z. B. ist heilbar, wenn man die ihr zugrundeliegende Konversionsstörung der Schilddrüse behandelt. Hier wird zu wenig stoffwechselaktives T3 Hormon gebildet. Genaugenommen ein Problem der Leber. Und die Leber hat in der Regel Probleme durch zu viel Zucker, Mikronährstoffmängel und zu viel Giftbelastung. Beim Menschen verbessern wir die Umwandlung durch Selen und Kalium oder geben Schilddrüsenhormone, die T3 enthalten. Wundersame Heilung. Der Mensch ist seine Muskelschmerzen los. Wenn wir gut sind, weisen wir noch auf eine Low Carb-Ernährung hin, die die Leber entlastet. Hat der Mensch deswegen eine genetisch sehr seltene Muskelstoffwechselstörung? Nein, hat er nicht. Aber vielleicht eine sehr häufig vorkommende HPU. Die kann die Schieflage nämlich auslösen. Und interessanterweise braucht man welchen Mikronährstoff am dringlichsten um Glykogen abzubauen? Also das, was da viel zu viel im Muskel bei den Pferden abgelagert wird? Es ist aktives Vitamin B6, das P5P. HPUler haben immer einen Mangel an diesem wichtigen Nutrienten und profitieren dramatisch von der Supplementation.

Spielen die Gene bei Krankheiten eine Rolle? Möglich ist das. Zum einen also ja und zum anderen nein, denn es gibt auch noch die Epigenetik, die entscheidet, welche Gene überhaupt abgelesen werden. Der Stoffwechsel ist hoch komplex. Es wäre so schön und einfach, wenn wir aus unserer DNA oder der DNA unserer Pferde alles wissen würden. Das ist aber nicht der Fall. Selbst Pferde, die PSSM1-Genträger sind, wobei es sich angeblich um eine wirkliche genetische Erkrankung handelt, müssen im Laufe ihres Lebens nicht erkranken. Denn Umweltfaktoren, Haltung und Fütterung spielen eben auch eine entscheidende Rolle.

Ich kann nachvollziehen, dass man die Genetik eines betroffenen Individuums verantwortlich macht, wenn man eine Korrelation zwischen Glykogeneinlagerungen und einer Punktmutation (Veränderung) in einem korrespondierenden Gen findet. Und wenn dieses Gen tatsächlich für eben exakt das Enzym kodiert, das bei der Herstellung und beim Aufbau von Glykogen beteiligt ist.

Bei den Genen, die bei PSSM2 verändert sein sollen, handelt es sich aber bei vier von sechs Genen um Sequenzen, die für Strukturproteine codieren. Müssten sich derartige Abweichungen nicht auch histologisch, also in der Biopsie, nachweisen? Wie erklärt man dabei die Glykogeneinlagerungen?

Enzyme sind Proteine, die nicht zur Herstellung von Geweben oder Organen dienen, sondern die eine Funktion erfüllen, die etwas im Stoffwechsel tun. Also zum Beispiel baut die Alkohol-Dehydrogenase Alkohol ab. Oder die Laktat-Dehydrogenase die im Muskel anfallende Säure. Beide benötigen Zink als Cofaktor. Ohne genügend Zink können sie nicht arbeiten. Ein Zinkmangel ist immer das einfachste Beispiel dafür, dass man sehr schnell übersäuern kann und sich die Säure im Gewebe ablagert. Das wiederum hat Auswirkungen auf den gesamten Stoffwechsel und zieht eine Kette anderer Stoffwechselvorgänge nach sich. Laktat führt zu Schmerzen in der Muskulatur und kann sogar den Muskel schädigen und kleine Risse verursachen. Die Energieproduktion in den Mitochondrien sinkt. Ohne ausreichend Energie kann der Muskel nicht mehr vollständig erschlaffen.

Wenn man aber wirklich eine Kausalkette sucht, dann wird man im metabolischen Syndrom fündig. Hyperglykämie (zu viel Zucker im Blut) führt zur Hyperinsulinämie (starke Ausschüttung von Insulin, um den Blutzucker in die Zellen zu schleusen).

Mit einem gesunden Muskelstoffwechsel lassen sich Höchstleitstungen erzielen.

Beide zusammen plus einem hohen Anteil an freien Fettsäuren setzt eine Entzündungskaskade in Gang, die mit Schmerzsyndromen der Muskulatur und gereiztem Bindegewebe einhergeht (Mossetter 2013). Im Muskel kommt es zu einem Übermaß an oxidativem Stress und vermehrten freien Radikalen, die die Mitochondrien schädigen und die Energieproduktion verringern. Es wird ein Teufelskreis in Gang gesetzt. Wie eine Einbahnstraße, die nur noch in eine Richtung führt. Die Entzündungsmediatoren führen dazu, dass komplett andere Gene abgelesen werden, als wenn der Stoffwechsel normal funktioniert. In diesem Sinn spannend sind sog.Transkiptolom- und Metabolom-Analysen. Hierbei wird die Gesamtheit der abgelesenen Gene sichtbar gemacht, die aktiviert und in messenger-RNA (mRNA) umgeschrieben wurden und alle Proteine, die aus diesen Transkripten entstanden sind. Nun kann man Pferde z. B. miteinander vergleichen, die die gleichen Krankheiten haben und suchen, ob Gemeinsamkeiten in diesen mRNA und Protein-Mustern zu finden sind.

Das wurde in den USA in einer Studie durchgeführt (Valberg 2021). Dabei kam heraus, dass ganz andere Gene bzw. Proteine Abweichungen zeigten, als angenommen und im PSSM2- Gentest durchgeführt werden. Es waren zwar ebenfalls Strukturproteine des Muskels betroffen, aber eben ganz andere. Die größte Abweichung zu gesunden Pferden fand man im Gen CHAC1, welches hochreguliert war und dessen Protein am Glutathion-Abbau beteiligt ist. Glutathion ist die wichtigste Entgiftungs- und Redoxsubstanz im Körper. Ein Glutathionmangel geht mit einer erhöhten Rate für oxidativen Stress, Entzündung und Apoptose (Zelltod) einher. Diese Analysen konnten drei Gewebe lokalisieren, die diese Abweichungen zeigten. Das waren die Sarkomere im Muskel, der Mitochondrien-Komplex und die extrazelluläre Matrix. Diese Orte des Geschehens konnten in elektronenmikroskopischen Aufnahmen ebenfalls gefunden werden. Hier zeigte sich also eine direkte Korrelation. Und die Ergebnisse aus den Gen- und Proteinanalysen konnten so bestätigt werden. Außerdem ist Glutathion entscheidend für die Insulinsensitivität und damit ein Schlüsselfaktor für den Blutzucker-Metabolismus.

Bei Menschen mit Zivilisations- oder Umweltkrankheiten sehen wir in den naturheilkundlichen Praxen genau dieses Bild. Wenn wir genetische Analysen durchführen lassen, sehen wir bei den Patienten Abweichungen in Enzymen, die bei der Entgiftung wichtig sind. Beim Menschen konnten bestimmten Abweichungen auf DNA-Ebene, eine prozentuale Reduktion der enzymatischen Kapazität zugeordnet werden. Da weiß man dann zum Beispiel, dass wenn das

Fütterung und Ernährung entscheidet über die Epigenetik.

Gen für die Glutathion-S-Transferase anders als normal aussieht, das einer Reduktion der Aktivität von 50 % oder so entspricht. Individuen, die weniger Aktivität dieses Enzyms aufweisen, können Metalle nicht gut entgiften. Schwermetalle können sich dann ansammeln, was zu Problemen und Krankheiten führt.
Aus meiner Sicht würde es viel mehr Sinn machen, diese Analysen ebenfalls bei unseren Tieren zu etablieren. Also den Fokus auf die gesamte Entgiftungsfähigkeit des Körpers zu legen. Denn unsere Umwelt wird immer giftiger. Und irgendwie müssen wir mit dem Dreck ja umgehen.

WAS TUN BEI PSSM ODER EFS?

Man nimmt Stress aus dem gesamten System, indem man auf Getreide in der Fütterung und viel Zucker verzichtet. Damit fallen dann auch Futterzusätze mit Melasse oder Dextrose raus, ebenso wie alles, was unter der Erde wächst und viel Zucker speichert (Karotten, Rüben, rote Beete etc.). Heuanalysen zeigen, wieviel Stärke und Zucker im Heu enthalten ist. Die Devise lautet „Low Carb", also möglichst wenige Kohlenhydrate. Diese Pferde sind gute Futterverwerter. Achten Sie auf eine gute Heuqualität. Die Werbung rät zur zusätzlichen Fütterung von Proteinen und Öl. Gerade in akuten Schubphasen soll man die Versorgung mit Proteinen sicherstellen. Nun, hierfür steht uns beim Pferd nicht so viel zur Fütterung zur Verfügung. Die meisten Produkte enthalten Soja. Soja wiederum ist in der Regel stark mit Glyphosat belastet. Das löst das Problem m. E. nicht dauerhaft, sondern schafft ein anderes. Luzerne enthält viel Tryptophan, diese Aminosäure kann von verschiedenen Darmbakterien fehlvergoren werden und damit eine Dysbiose des Darmes fördern. Pferde, die die Stoffwechselstörung HPU aufweisen, vertragen Luzerne in der Regel nicht oder nicht gut. Das wird übrigens bei PSSM-Pferden ebenfalls beobachtet! Zufall? Jedenfalls schaffen wir auch hier durch eine solche Fütterung ein anderes Problem.
Welche Proteinquellen bleiben? Als pflanzliches Protein finden wir in Esparsette vielleicht eine Möglichkeit. Oder in Hanf als Hanfproteinpulver. Auch Spirulina oder Chlorella-Algen enthalten viele Aminosäuren und helfen sogar bei der Entgiftung. PSSM geplagte Pferde profitieren von einer Entlastung des Stoffwechsels durch hohe Gaben von Zink und Mangan sowie aktivem Vitamin B6 (P5P). Kommt Ihnen das schon bekannt vor? Genau, deswegen macht auch eine Urinuntersuchung auf die Stoffwechselstörung HPU Sinn, denn sie kann die Ursache der Schieflage sein. Mithilfe von Zink helfen wir überschüssige Säure abzubauen. Mangan hilft beim Stoffwechselturbo Schilddrüse und B6 ist das Nonplusultra für den Proteinhaushalt. Nichts im Aminosäure-Stoffwechsel läuft ohne Vitamin B6. Und alle drei Mikronährstoffe sind unverzichtbar was die Regulation des Blutzuckerspiegels angeht.
Kohlenhydrate (Getreide) verbrauchen mehr B-Vitamine in ihrer Verstoffwechselung als sie liefern. Ein Organismus, der sowieso schon einen erhöhten Bedarf an Vitamin B6 z. B. hat, wird eine kohlenhydratlastige Ernährung/Fütterung nie tolerieren. Daraus werden immer Dysbalancen und Krankheiten entstehen.

WIESO IST DER TEST AUF HPU WICHTIG?

Wenn Sie nicht sicher wissen, ob Ihr Pferd die Stoffwechselstörung HPU hat, werden sie immer wieder Futtermittel kaufen, die auch Kupfer enthalten. Das kann fatal sein. Denn freies Kupfer erhöht den oxidativen Stress und damit die Entzündungsbereitschaft und kann die Leber belasten.

SERVICE

Samshield

AUSBLICK

WO GEHT ES HIN MIT UNS UND UNSEREN PFERDEN?

Eigentlich hätte die Zulassung für das Herbizid Glyphosat am 15. Dezember 2022 auslaufen sollen. Sie wurde um ein Jahr verlängert. Eine Wiederzulassung wird angestrebt. Das ist der Stand im Dezember 2022 unter Mitbeteiligung einer grünen Bundesregierung. Wird sich etwas ändern? Eher nicht. Mit oder ohne Glyphosat, es existieren viele Chemikalien auf diesem Planeten und viel Umweltverschmutzung. Es konnte sogar schon Mikroplastik in unserem Trinkwasser gefunden werden. Von Medikamentenrückständen ganz zu schweigen. Diese lassen sogar zum Teil die Geier von den Bäumen fallen. Natürlich sind in dem Fall die Geier zu sensibel auf das Schmerzmittel Diclofenac, und nicht das Trinkwasser das Problem.

VERRÜCKTE WELT

Noch verrückter ist es aber, in solch einer Welt zu leben, und zu glauben, dass das keinen Effekt auch auf unsere Pferde hätte. Sie kämpfen mit den gleichen Problemen wie wir. Meine Sicht auf die Zukunft ist eher düster. Weil wir selbst bei bester Ausleitung kaum mit der Entgiftung hinterherkommen. Und es eben Individuen gibt, bei Mensch und Tier/Pferd, die eine eingeschränkte Entgiftungsfähigkeit haben. Oder, die einfach gesprochen, eben sensibler sind. Diese Individuen werden früher im Leben krank. Bezahlen die Belastung mit Umweltgiften durch Krankheit und eingeschränkte Leistungsfähigkeit. Für den Besitzer/Halter wird das teuer.

Im Sport ist es einfach. Wer oder was nicht funktioniert, wird ausgetauscht. In der Zucht wird nicht darauf geachtet. Auch das wird sich wohl auf längere Sicht nicht ändern. Was können wir also tun?
Ein Bewusstsein entwickeln, dass ich meinen Partner Pferd von Giften fernhalte. Vorbeugen ist besser als heilen, ist ein schönes Sprichwort und es ist so wahr. Ich kann prophylaktisch tätig werden und umsichtig Fütterung und Haltung und Training gestalten. Damit mein Pferd gesund und leistungsbereit ein hohes Alter erreicht und wir gemeinsam viel Freude zusammen haben. Wenn dieses Buch Ihren Blick dafür etwas schärft und vielleicht an der einen oder anderen Stelle echte Hilfestellung mit vielleicht auch neuen Ansätzen bietet, haben wir gemeinsam viel erreicht. Ich jedenfalls wünsche Ihnen und Ihrem Pferd Gesundheit und Stärke und eine gute Entgiftungsfähigkeit.

Herzlichst,
Tina Ritter

NÜTZLICHE ADRESSEN

ERGÄNZUNGSFUTTERMITTEL

Vertrieb von Lillipyrrol® und Abendmineral:
Phytina GbR
Alter Weg 3
69239 Neckarsteinach
Tel.: +49 (0)6229 933715
info@phytina.de
www.kpu-pferd.de
www.phytina.de

MIKRONÄHRSTOFFE FÜR PFERD UND MENSCH

Heidelberger Chlorella GmbH
In der Heidelslach 4
69181 Leimen
Tel.: +49 (0)6224 92700
info@heidelberger-chlorella.de
www.heidelberger-chlorella.de

St. Hippolyt Mühle Ebert GmbH
Talstraße 27 + 41
69234 Dielheim
Tel.: +49 (0)6222 990 100
www.st-hippolyt.de

LABORE

HPU-Test® beim Labor-KEAC:
KEAC Parkstad B. V.
Snellius 1
NL 6422 RM Heerlen
Tel.: +045 5439248
info@keac.nl

Impftiterkontrolle Tetanus:
Fassisi, Gesellschaft für Veterinärdiagnostik und Umweltanalysen mbH
Marie-Curie-Straße 8
37079 Göttingen
Tel.: +49 (0)551 5008840
info@fassisi.de
www.fassisi.de/service/krankheitsbilder-pferde/tetanus/

LUFA Speyer
Obere Langgasse 40
67346 Speyer
Tel.: +49 (0)62 32 136-0
info@lufa-speyer.de
LUFA Nord-West
Jägerstraße 23-27
26121 Oldenburg
Tel.: +49 (0)441 801-900
info@lufa-nord-west.de

LABOKLIN GMBH & CO. KG
Labor für klinische Diagnostik
Steubenstraße 4
97688 Bad Kissingen
Tel.: +49 (0)971 72020
info@laboklin.com

E-SMOG ENTSTÖRUNG

memon bionic instruments GmbH
Oberaustraße 6a
83026 Rosenheim
Tel.: +49 (0)8031 402-200
www.memon.eu

FLORA-ANALYSEN (KOT) UND PARASITEN

PROBIOS GmbH
Medizinisches & mikrobiologisches Labor
Ehrenpreisstraße 2
86899 Landsberg am Lech
(Proben nur an Postfach 401310, 86892 Landsberg am Lech senden)
Tel.: +49 (0)8191 9732290
info@probios.de

Labor Paradocs
Münchener Straße 101
Gebäude 4
85737 Ismaning
Tel.: +49 (0)89 920 084 50
info@laborparadocs.de

Kotlabor Maletzki
Inhaber: Tanja Maletzki
Alte Dorfstraße 6
72766 Reutlingen
Tel.: +49 (0)7121 820404
www.kotlabor.de
info@kotlabor.de

GLYPHOSAT-ANALYSE

MVZ Medizinisches Labor Bremen GmbH
Haferwende 12
28357 Bremen
Tel.: +49 (0)421 2072-0
info@mlhb(dot)de
www.mlhb.de

HAARMINERALANALYSE

Micro Trace Minerals GmbH
Röhrenstr. 20
91217 Hersbruck
Tel.: +49 (0)9151 4332
service@microtrace.de

BORNA-VIRUS DIAGNOSTIK

Dedimed GmbH
EUROPARC Labor
Heinrich-Hertz-Str. 3A
14532 Kleinmachnow
Tel.: +49 (0)33203 879420
labor@dedimed.com

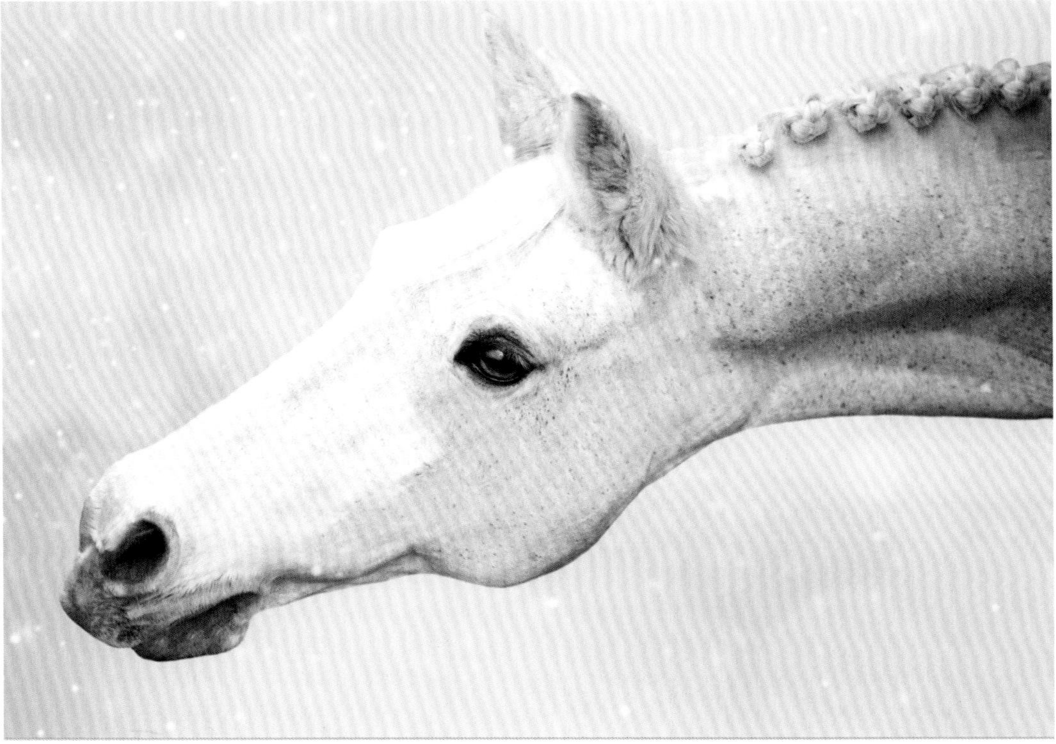

QUELLEN UND LINKS

Baumeister-Jesch L., Ritter, T.:
Stoffwechselstörung HPU, 4. Auflage, VAK- Verlag 2015

Bender I., Ritter T.:
Praxishandbuch Pferdegesundheit. Kosmos Verlag, 2. Auflage 2018

Bender I., Ritter T.:
Futterlexikon Pferde. Kosmos Verlag, 2009

Chassaing B., Koren O., Goodrich J.K., Poole A.C., Srinivasan S., Ley R.E., Gewirtz A. T.:
Dietary emulsifiers impact the mouse gut microbiota promoting colitis and metabolic syndrome. Nature volume 519, pages 92 – 96 (2015)

Eis D.:
Definition „Umweltmedizin". Umweltmedizin in Forschung und Praxis 1 (2) 65 – 70, 1996

Hetanen E., et al.:
Effects of Phenoxyherbicieds and Glyphosate on the hepatic and intestinal Biotransformation Activities on the Rat. Acta Pharmacologica et Toxicologica 53 (1983): 103 – 12, https://doi.org/10.1111/j.1600-0773.1983

Kamer B., Wasowicz W., Pyziak K., Kamer-Bartosinska A., Gromadzinska J., Pasowska R.,:
Role of selenium and zinc in the pathogenesis of food allergy in infants and young children. Arch Med Sci. 2012 Dec 20; 8(6): 1083 – 1088

Kuklinski B.:
Mitochondrien. Symptome, Diagnose, Therapie. Aurum Verlag. 3. Auflage 2018

Mesnage R., et al.:
Multiomics Reveal Non-alcoholic fatty Liver Disease in Rats following chronic exposure to an ultra-low dose of Roundup-herbicide. Scientific Reports 7 (2017): 39328, https.//doi.org/10.1038/srep39328

Mossetter K.:
Schmerzen als Ausläufer von Stoffwechselbelastungen. Schweiz Z Ganzheitsmed 2013, 25:33 – 38.
DOI: 10.1159/000346619

Popp F.A.:
Biophotonen-Neue Horizonte in der Medizin. Karl-Haug-Verlag 2013

Price W.:
Ernährung und körperliche Degeneration. Mobiwell Verlag 2020

Radermacher-Reuter G. und Wenzel C.:
Mineralstoffe und Spurenelemente. Ralf Reglin Verlag Köln 2003

Ritter T.:
HPU, wenn Stress krank macht. TRIAS Verlag, 2. Auflage 2018

Schusser G.:
Tagung über Pferdemedizin im Rahmen der Equitana. Essen 2022

Schusser G.F., Köller G., Recknagel S., Snyder A., Uhlig A., Lindner A.:
Detetction of glyphosate in duodenal fluid in horses with colic or weight loss.13th international equine colic research symposium, Sept. 2021

Valberg S., Finno C., Henry M; Schott M., Velez-Irizarry D., Peng S., McKenzie E., Petersen J.:

Commercial genetic testing for type 2 polysaccharide storage myopathy and myofibrillar myopathy does not correspond to a histopathological diagnosis. Equine Vet J.2021 Jul; 53(4):690 – 700

INTERNETQUELLEN

www.umweltbundesamt.de/daten/land-forstwirtschaft/pflanzenschutzmittelver-wendung-
in-der#absatz-von-pflanzenschutzmitteln)

www.aerzteblatt.de/nachrichten/104067/Behoerde-sieht-in-Hochspannungsleitungen-moegliches-Leukaemierisiko-fuer-Kinder

www.imd-berlin.de/fachinformationen/diagnostikinformationen/genetik-der-entgiftung

www.activistpost.com/2018/12/infanrix-hexa-vaccine-found-to-contain-65-unknown-to-science-compounds-latest-corvelva-investigative-assays-reveal.html

Schilddrüsenbremser:
www.keac.de/wissen/schilddruesenahrung.html

www.bund.net/fileadmin/user_upload_bund/_migrated/publications/20050600_chemie_schadstoffe_muttermilch_studie.pdf

Glyphosat bei Hunden:
www.stichpunkt-magazin.com/auf-den-hund-gekommen/

Diclofenac bei Geiern:
www.abendblatt.de/ratgeber/wissen/umwelt/article106853696/Schmerzmittel-toetet-Geier.html

www.correctiv.org/faktencheck/2022/06/08/diclofenac-wie-schmerzgele-wie-voltaren-ins-wasser-gelangen-und-tieren-schaden-koennen/

www.sueddeutsche.de/wissen/geier-diclofenac-artenschutz-vogelschutz-1.5277566

REGISTER

BILDNACHWEIS

65 Farbfotos wurden von Yadel Möhler Photography für dieses Buch zur Verfügung gestellt. Weitere Farbfotos von AdobeStock (S. 13, 16, 18, 19, 20, 86) und Dr. Tina Ritter (S. 15 rechts, 60, 68, 70, 88, 89).

IMPRESSUM

Umschlag- und Klappengestaltung von Claudia Adam Graphic Design, Bad Kreuznach, unter Verwendung von Farbfotos von AdobeStock (vordere Klappe innen rechts, hintere Klappe innen rechts oben) und Christiane Slawik/slawik.com (vordere Klappe innen links).
Alle andere Fotos von Yadel Möhler Photography.

Mit 78 Farbfotos und 5 Farbgrafiken

Alle Angaben und Methoden in diesem Buch sind sorgfältig recherchiert, erwogen und geprüft. Sie entbinden den Pferdefreund nicht von der Eigenverantwortung für sein Tier und sich selbst. Die Anwendung der beschriebenen Methoden liegt in eigener Verantwortung. Der Verlag und die Autorin übernehmen keine Haftung für Personen-, Sach- oder Vermögensschäden, die aus der Anwendung der vorgestellten Materialien und Methoden entstehen.

Unser gesamtes Programm finden Sie unter **kosmos.de**.
Über Neuigkeiten informieren Sie regelmäßig unsere Newsletter, einfach anmelden unter **kosmos.de/newsletter**

Gedruckt auf chlorfrei gebleichtem Papier

Pfizerstraße 5 – 7, 70184 Stuttgart

ISBN 978-3-440-17614-6
Redaktion: Katja Pauls
Gestaltung und Satz: Atelier Krohmer, Dettingen/Erms
Produktion: Claudia Frank
Druck und Bindung: Westermann Druck Zwickau GmbH, Zwickau
Printed in Germany / Imprimé en Allemagne

FSC
www.fsc.org
MIX
Papier | Fördert gute Waldnutzung
FSC® C110508